Jason Santiago

Regulação do cálcio neuronal e stress celular na hipertermia maligna

Jason Santiago

Regulação do cálcio neuronal e stress celular na hipertermia maligna

ScienciaScripts

Imprint
Any brand names and product names mentioned in this book are subject to trademark, brand or patent protection and are trademarks or registered trademarks of their respective holders. The use of brand names, product names, common names, trade names, product descriptions etc. even without a particular marking in this work is in no way to be construed to mean that such names may be regarded as unrestricted in respect of trademark and brand protection legislation and could thus be used by anyone.

Cover image: www.ingimage.com

This book is a translation from the original published under ISBN 978-3-659-81748-9.

Publisher:
Sciencia Scripts
is a trademark of
Dodo Books Indian Ocean Ltd. and OmniScriptum S.R.L publishing group

120 High Road, East Finchley, London, N2 9ED, United Kingdom
Str. Armeneasca 28/1, office 1, Chisinau MD-2012, Republic of Moldova, Europe
Printed at: see last page
ISBN: 978-620-8-14068-7

RESUMO

Os iões de cálcio (Ca^{2+}) são moléculas de sinalização essenciais e devem ser cuidadosamente regulados para preservar a especificidade da função. Uma proteína de sinalização indispensável do Ca^{2+} é o canal de libertação de cálcio do recetor de rianodina (RyR). O RyR1 é essencial para a contração muscular e as mutações do RyR podem conduzir a doenças musculares graves, como a hipertermia maligna (HM). Recentemente, foi desenvolvido um modelo de ratinho da HM humana (Y522S-RyR1). No músculo esquelético, o Y522S-RyR1 apresenta uma sensibilidade aumentada à ativação, resultando em fuga de Ca^{2+} , desorganização mitocondrial e stress celular. Embora a expressão de RyR1 seja limitada no cérebro, o cerebelo pode ser particularmente vulnerável a esta doença porque RyR1 é altamente expresso em neurónios Purkinje. Neste estudo, o Y522S-RyR1 nas células de Purkinje apresenta um limiar de ativação mais baixo, mas não causa stress e danos celulares graves. A investigação futura de mecanismos compensatórios para o aumento da libertação de Ca^{2+} nas células de Purkinje poderá ter valor terapêutico para muitas doenças neurológicas e musculares.

ÍNDICE DE CONTEÚDOS

INTRODUÇÃO

Parte I: RyR1, um regulador-chave da dinâmica do Ca $^{2+}$

Os iões de cálcio (Ca^{2+}) estão envolvidos numa série de actividades celulares e cascatas de sinalização intracelular num grupo diversificado de tipos de células. O Ca^{2+} pode influenciar muitos aspectos da vida celular, incluindo o crescimento e a proliferação celulares e a morte celular programada. De facto, a importância do Ca^{2+} para a vitalidade de todo um organismo é difícil de transmitir de forma sucinta e completa. Assim, podemos imaginar que, se todas as funções que o Ca^{2+} pode desempenhar pudessem ter lugar com cada aumento do Ca^{2+} intracelular, a vida seria um verdadeiro caos. Mas como é que uma molécula tão ubíqua pode provocar respostas celulares altamente específicas? A resposta está na regulação espacial e temporal do Ca^{2+} numa célula. O significado desta regulação é claramente ilustrado nas células excitáveis. As células excitáveis, tais como os neurónios e as fibras musculares, dependem de um controlo preciso da localização e da concentração de Ca^{2+} para desempenharem as suas funções celulares únicas. Este feito é conseguido através da utilização de um extenso conjunto de ferramentas de Ca^{2+} , que consiste em vias de entrada e libertação de Ca^{2+} , tampões móveis e imóveis de Ca^{2+} , locais de armazenamento transitório de Ca^{2+} e mecanismos de extrusão de Ca^{2+} (Berridge et al., 2003). O trabalho colaborativo destes elementos reguladores é a chave para manter a natureza dinâmica do Ca^{2+} como molécula de sinalização e também para prevenir as consequências patológicas da desregulação do Ca^{2+} .

Uma proteína que desempenha um papel importante neste processo é o recetor de rianodina. Os receptores de rianodina (RyRs), juntamente com os receptores de inositol 1,4,5-trisfosfato (IP_3 Rs), são canais de libertação de Ca^{2+} localizados na membrana do retículo sacroplasmático/endoplasmático (SR/ER). Os RyRs e os IP_3 Rs são homotetrâmeros de subunidades com pesos moleculares aparentes de ~500 kD e 260 kD, respetivamente (Walton et al., 1991). Os RyRs funcionais estão entre as maiores proteínas conhecidas até à data; os domínios citoplasmáticos N-terminais são compostos por cerca de 4.000 aminoácidos (Takeshima et. al., 1989). De facto, os RyRs actuam como enormes complexos de sinalização macromoleculares, envolvendo uma série de proteínas reguladoras, tais como cinases, fosfatases e foshodiesterases, que modulam a atividade do canal e integram sinais de cascatas de segundos mensageiros para ajustar a dinâmica da libertação de Ca^{2+}.

Três isoformas de RyR são expressas em mamíferos e são codificadas por genes separados (revisto por Rossi e Sorrentino, 2002). Embora as sequências de aminoácidos destas proteínas sejam cerca de 70% homólogas, têm uma expressão tecidular consideravelmente diferente e algumas diferenças funcionais notáveis (Takeshima et. al., 1989). Por exemplo, a isoforma predominante expressa no músculo esquelético é a RyR1, e no músculo cardíaco é a RyR2. No cérebro, RyR2 e RyR3 são expressos de forma mais ubíqua; no entanto, RyR1 é expresso num número limitado de regiões cerebrais. O RyR1 é particularmente interessante devido ao seu papel especializado no acoplamento "excitação-contração" (EC) no músculo esquelético. Ao contrário das outras isoformas de RyR, o RyR1 está intimamente ligado e "mecanicamente acoplado" aos canais de Ca^{2+} dependentes da voltagem (VGCC) no sarcolema das fibras musculares esqueléticas. Esta ligação física permite que as alterações conformacionais que ocorrem nos VGCC durante a despolarização da membrana provoquem alterações conformacionais no RyR, de modo a facilitar a libertação de Ca^{2+} das reservas lúmenes do ER (revisto por Avila, 2004).

Foi demonstrado que a atividade do canal RyR1 é modulada por numerosos iões, interações proteína-proteína e modificações pós-traducionais. O principal desses moduladores é o próprio Ca^{2+}, que provoca uma resposta bifásica na atividade do canal RyR1. Em concentrações nanomolares a micromolares, o Ca^{2+} ativa o RyR1, mas em concentrações micromolares a milimolares, o Ca^{2+} funciona como um inibidor (Rossi e Sorrentino, 2002). A dependência de Ca^{2+} de RyR1 assegura que o canal de libertação se abre após estimulação e fecha rapidamente durante uma elevação prolongada de Ca^{2+} intracelular (Betzenhauser e Marks, 2010). A proteína de ligação do Ca^{2+}, a calmodulina, também tem um efeito duplo na atividade do canal RyR1. Ao ligar quatro moléculas de Ca^{2+}, a CaM sofre uma alteração conformacional que afecta a sua capacidade de se ligar e ativar outras proteínas, como a Ca^{2+}

/ proteína quinase dependente de calmodulina (CaMK). Em concentrações nanomolares de Ca^{2+} , o CaM existe num estado livre de Ca^{2+} e actua como um agonista parcial do RyR1. No entanto, em concentrações mais elevadas, a CaM ligada ao Ca^{2+} funciona como um inibidor da atividade do canal (Zalk et al., 2008).

Outro regulador importante da atividade do canal RyR1 é a FKBP12. A FKBP12, também conhecida como calstabina, estabiliza o estado fechado do RyR1, inibindo assim a atividade do canal. A calstabina também facilita a cooperação entre RyRs vizinhos para estabelecer uma libertação síncrona e, assim, encurtar a fase de decaimento do Ca^{2+} elevações (Marx et. al., 1998). No entanto, a afinidade de ligação da calstabina para o RyR1 pode ser alterada através de modificações pós-traducionais, como a fosforilação mediada pela proteína quinase A (PKA) (Bellinger et al., 2008) e a cisteína (S)-nitrosilação (Sun et al., 2001). Além disso, o Mg^{2+} , a ADP-ribose cíclica, a fosforilação da CaMK e os nucleótidos de adenina também podem modular o RyR1. $^{2+}$Uma vez que estas são apenas algumas das formas como a atividade do canal RyR é modulada, é evidente que o controlo preciso da libertação de Ca mediada por RyRl não só é de grande importância, como também é altamente regulado e complexo. Além disso, as mutações nas regiões reguladoras do RyR1 podem afetar grandemente a atividade do canal e, assim, influenciar drasticamente a dinâmica do Ca^{2+} e a função celular.

Por conseguinte, as mutações genéticas do RyR1 podem frequentemente conduzir a perturbações graves do músculo esquelético. Os distúrbios mais prevalentes são a hipertermia maligna (HM) e a doença do núcleo central (DCC). A HM é uma doença farmacogenética potencialmente fatal, caracterizada por contracções do músculo esquelético de todo o corpo e por uma temperatura corporal central elevada em resposta a anestésicos halogenados, como o halotano. A maioria das mutações da MH são substituições missense resultantes de erros de nucleótido único (Bellinger et al., 2008). Na maior parte dos casos, estas mutações resultam num ganho de função, aumentando a sensibilidade do RyR1 à ativação por Ca^{2+} ou outros agonistas.

Uma mutação autossómica dominante no RyR1, Y522S, está fortemente associada à HM. Recentemente, foi desenvolvido o primeiro modelo de ratinho da HM humana que expressa esta mutação. Os ratinhos homozigóticos para a mutação Y522S no RyR1 apresentam defeitos graves no músculo esquelético e morrem pouco depois do nascimento. Os ratinhos heterozigóticos (Hz) desenvolvem-se normalmente, embora sejam mais sensíveis ao calor e a episódios de HM induzidos por anestésicos (Chelu et. al., 2005). Estudos adicionais revelaram que os miotubos esqueléticos derivados de ratinhos heterozigóticos (Y522S/+) apresentam uma fuga de Ca^{2+} em resposta à estimulação da tensão e ao stress térmico, o que se deve a uma maior sensibilidade de ativação (Durham et. al., 2008). Embora a ativação do RyR1 provoque uma maior libertação de Ca^{2+} nos ratinhos Y522S/+, o excesso de Ca^{2+} é tamponado de tal forma que os níveis de Ca^{2+} no sarcoplasma e no lúmen do SR não são afectados. Isto contrasta com muitas mutações RyR1 que causam CCD, que é tipicamente caracterizada por um aumento nos níveis de Ca^{2+} em repouso, diminuição do conteúdo do armazém de Ca^{2+} do SR e danos e fraqueza musculares concomitantes. No entanto, o músculo esquelético dos ratinhos Y522S/+ não está totalmente ileso.

Embora a HM não conduza a patologia muscular evidente, os ratinhos Y522S/+ apresentam sinais de stress celular na idade adulta porque as consequências da fuga de Ca^{2+} são exacerbadas ao longo do tempo. Em resposta ao stress térmico, os miotubos esqueléticos dos ratinhos Y522S/+ desenvolvem níveis elevados de espécies reactivas de oxigénio/nitrogénio (ROS/RNS) (Durham et. al., 2008). Isto leva à nitrosilação do RyR1, o que aumenta ainda mais a atividade do canal por várias razões. A S-nitrosilação de um resíduo crítico de cisteína (C3635) localizado no domínio de ligação do CaM diminui a afinidade do CaM pelo RyR1 (Aracena-Parks et. al., 2006). Em concentrações elevadas de Ca^{2+} , esta modificação atenua a influência inibitória que o CaM tem sobre o RyR1, aumentando assim a atividade do canal. Além disso, a S-nitrosilação do C3635 desestabiliza o estado fechado do RyR1 ao diminuir a afinidade de ligação da calstabina. Por último, pensa-se que a nitrosilação do RyR1 altera a dependência de Cam da inativação do RyR1, de modo a que este permaneça aberto a concentrações mais elevadas de Ca^{2+} (Durham et. al., 2008).

O aumento da RNS é provavelmente devido a uma maior atividade da óxido nítrico sintase (NOS), uma vez que a inibição da NOS inverte os aumentos da RNS dependentes da temperatura (Durham et. al., 2008). Não está claro qual(is) isoforma(s) da NOS é(são) responsável(is) pela geração de óxido nítrico adicional, mas o músculo esquelético é rico em uma variante de splice da NOS neuronal (n). Alguns estudos sugerem que a nNOS pode associar-se a junções tríades, que são complexos membranares que ligam a membrana plasmática a locais de libertação de Ca^{2+} no retículo sacroplasmático. Desta forma, níveis elevados de Ca^{2+} poderiam aumentar a atividade da nNOS nas proximidades para criar microdomínios de RNS que poderiam modificar preferencialmente o RyR1. Com o tempo, a exposição excessiva e prolongada a Ca^{2+} , ROS e RNS pode resultar em danos celulares irreversíveis. A prova disso é encontrada nas fibras musculares esqueléticas de ratinhos Y522S/+ adultos. As fibras musculares dos ratinhos mutantes apresentam um aumento da peroxidação lipídica, uma ultra-estrutura mitocondrial desorganizada e uma função muscular prejudicada (Durham et. al., 2008).

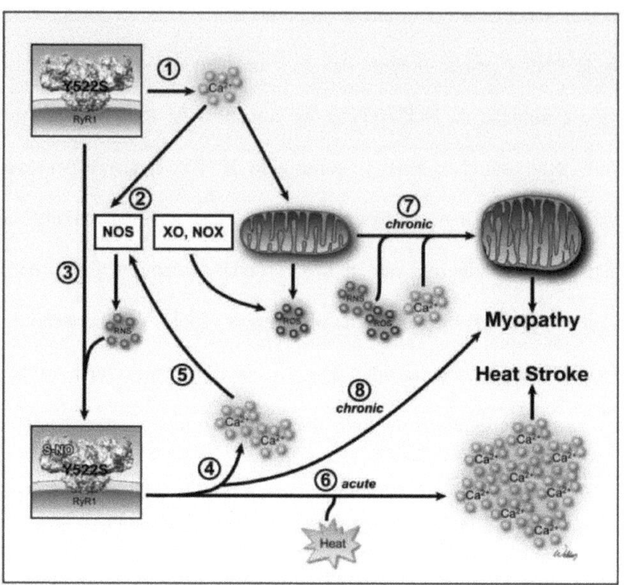

Figura 1. Mecanismo de lesão celular no músculo esquelético de ratinhos Y522S

1) A mutação Y522S provoca um aumento da sensibilidade à ativação, resultando numa fuga de Ca^{2+}. 2) O aumento dos níveis de $[Ca]^{2+}_i$ leva a uma maior produção de RNS/ROS. Isto deve-se provavelmente ao aumento da atividade enzimática da nNOS, da xantinaoxidase (XO) ou das NADPH oxidases (NOX). Pensa-se também que o aumento do sequestro mitocondrial de Ca^{2+} e o stress oxidativo concomitante contribuem para as ROS. 3) O RyR1 é hipernitrosilado. 4) A S-nitrosilação aumenta a fuga de Ca^{2+} desestabilizando o estado fechado do RyR1 e alterando a dependência da inativação do Ca^{2+}. 5) O aumento da $[Ca]^{2+}_i$ leva a uma maior produção de RNS/ROS.
6) Em resposta ao stress térmico, a libertação perturbada de Ca^{2+} pode conduzir a um golpe de calor. 7 & 8) Níveis cronicamente elevados de Ca^{2+} e de RNS/ROS conduzem a perturbações da ultraestrutura mitocondrial e a uma função muscular deficiente (adaptado de Durham et. al., 2008).

Parte II: RyR1 nas células de Purkinje do cerebelo

Embora os efeitos da mutação Y522S-RyR1 no músculo esquelético tenham sido estudados, os efeitos noutros tecidos em que o RyR1 é expresso não foram investigados. O RyR1 é enriquecido em várias regiões do cérebro cuja função também pode ser afetada por mutações MH (ver Fig. 2). O cerebelo pode ser particularmente vulnerável às consequências desta mutação porque o RyR1 é expresso abundantemente nas células de Purkinje, que são a principal saída do circuito cerebelar.

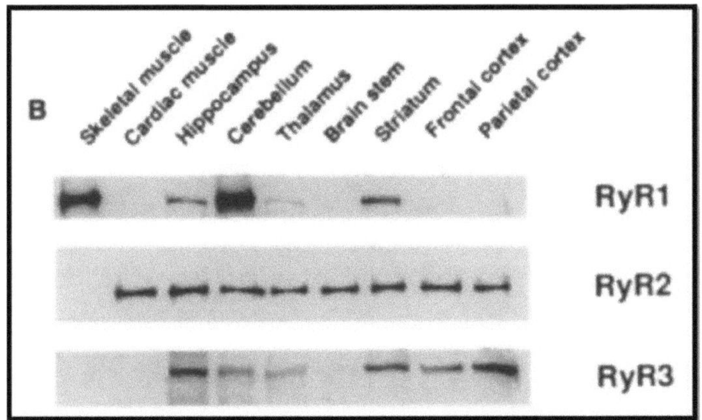

Figura 2. RyR1 é enriquecido no cerebelo

Immunoblot mostrando a expressão proteica das três isoformas de RyR no músculo e no cérebro. Note-se que a maioria das regiões cerebrais exprimem mais RyR2 e RyR3 do que RyR1, enquanto que o cerebelo exprime níveis elevados de RyR1 (Giannini et al., 1995).

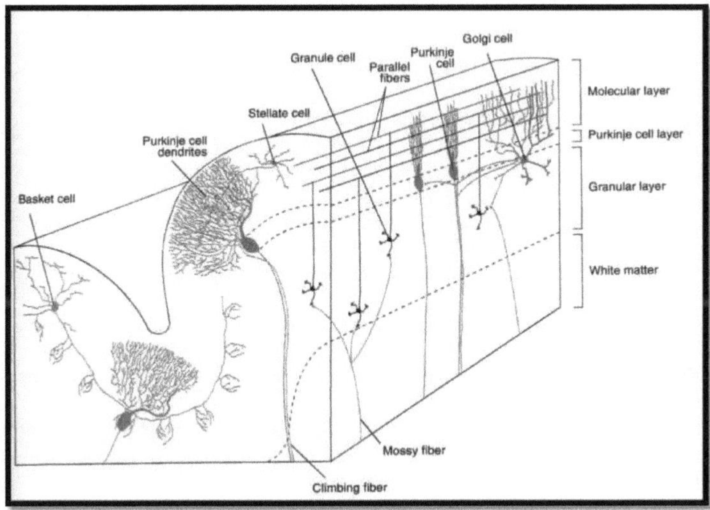

Figura 3. Organização do córtex cerebelar

Esta figura ilustra a organização espacial dos principais neurónios cerebelares numa secção sagital de uma das folias cerebelares. O córtex cerebelar é dividido em três camadas básicas. A camada molecular é a camada mais externa e contém a maior parte dos dendritos dos neurónios cerebelares. A camada de células de Purkinje é naturalmente formada por uma série de grandes corpos de células de Purkinje. A camada mais interna do córtex é chamada de camada de células granulares. A substância branca do córtex cerebelar é composta por axónios de vias eferentes (células de Purkinje) e aferentes (fibras musgosas, fibras trepadeiras) (Martin et. al., 1989)

As células de Purkinje são neurónios grandes com arborizações dendríticas prolíficas que integram múltiplos sinais e fazem sinapse nos núcleos cerebelares e vestibulares profundos, que fornecem as principais entradas para os córtices primário e pré-motor (ver Figs. 3 e 4). As células de Purkinje recebem entradas das duas principais aferências cerebelares: as fibras trepadeiras e as fibras musgosas. As fibras trepadeiras (CF) originam-se do complexo nuclear olivar inferior e formam numerosas sinapses excitatórias nos somatos e dendritos proximais das células de Purkinje. Como essas sinapses estão localizadas nas proximidades do axónio, as FC têm uma forte influência na excitabilidade das células de Purkinje. As fibras musgosas (MF) são originárias da medula espinhal e do tronco cerebral e excitam as células de Purkinje através das células granulares. As células granulares têm axónios longos que se projectam profundamente na camada molecular do córtex cerebelar, onde se bifurcam em fibras paralelas longas (FP) que formam sinapses excitatórias nos dendritos distais das células de Purkinje e noutros interneurónios (ver Figs. 3 e 4).

As células de Purkinje recebem estímulos inibitórios de dois tipos de interneurónios: células estreladas e células em cesto. Os somatos destas células estão localizados na camada molecular do cerebelo, embora os interneurónios tenham localizações um pouco diferentes (ver Figs. 3 e 4). As células em cesto enviam projecções axonais para os corpos celulares das células de Purkinje e estão localizadas mais perto da camada de células de Purkinje. As células estreladas estão localizadas mais na parte externa do córtex cerebelar e fazem sinapse nos dendritos das células de Purkinje. O último dos cinco neurónios do córtex cerebelar é a célula de Golgi. Esta célula forma sinapses inibitórias com as células granulares, modulando assim a única entrada excitatória no córtex cerebelar.

O equilíbrio, o controlo dos músculos oculares, a postura e o movimento dos membros e o planeamento do movimento são funções do cerebelo. Uma vez que as células de Purkinje são componentes indispensáveis do circuito cerebelar, algumas ou todas estas funções são afectadas negativamente quando a excitabilidade das células de Purkinje é alterada. Por conseguinte, o principal objetivo deste estudo é determinar se as células de Purkinje que expressam Y522S-RyR1 apresentam sinais de stress celular que possam produzir disfunção cerebelar aguda ou crónica. Mesmo na ausência de stress celular basal, as células de Purkinje mutantes podem ser mais sensíveis ao stress celular induzido e/ou demonstrar mecanismos de compensação do aumento dos níveis de Ca^{2+} ou de ROS/RNS.

Os resultados destas experiências ajudarão a distinguir entre estas diferentes possibilidades e a elucidar os efeitos das mutações MH no cérebro.

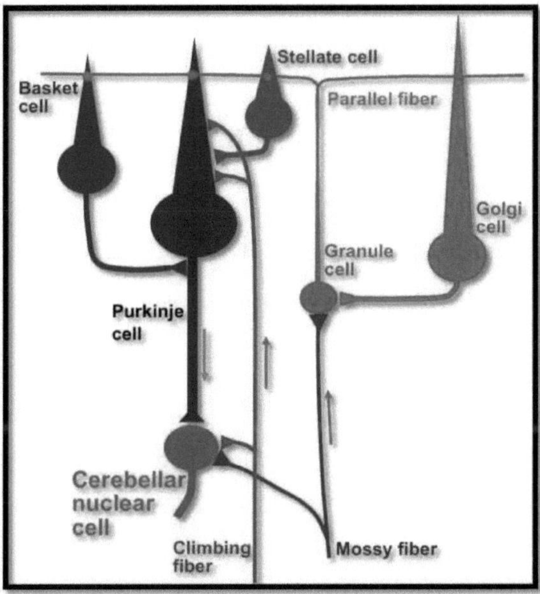

Figura 4. Esquema simplificado do circuito cerebelar

A organização dos neurónios e as suas ligações sinápticas no córtex cerebelar são ilustradas nesta banda desenhada. As setas cinzentas realçam o fluxo básico da transmissão sináptica para dentro e para fora do córtex cerebelar. Note-se que a célula de Purkinje é a única eferente do córtex cerebelar. Os tamanhos e a distribuição espacial das células não estão desenhados à escala.

MATERIAIS E MÉTODOS

Dissociação aguda

As cerebelas foram dissecadas de ratinhos WT e Y522S/+ e colocadas em placas de cultura de plástico contendo PBS estéril isento de Ca^{2+} - e Mg^{2+} - (CMF). Os pedaços de cerebela foram incubados numa solução contendo papaína durante 45 minutos a 37° C e agitados a cada 10-15 minutos. Os pratos foram lavados duas vezes com CMF-PBS fresco. O tecido foi transferido para tubos de centrifugação clínicos contendo 2 ml de meio contendo soro. As células foram mecanicamente dissociadas por trituração com três pipetas Pasteur polidas a fogo de diâmetro cada vez menor. As suspensões celulares foram passadas através de um filtro de células de 50 mícrones e recolhidas. As células foram contadas no filtrado e diluídas, se necessário, com meio contendo soro até uma densidade de 3×10^6 células/mL. Duzentos microlitros de suspensão de células foram colocados em placas de cultura de vidro revestidas com polietilenoimina e inundadas com mais 2 ml de meio 2 horas mais tarde.

Imagiologia de cálcio em direto

As células de Purkinje foram dissociadas de forma aguda 18-24 horas antes da experimentação. As células foram carregadas com 5 uVI do corante indicador de cálcio ratiométrico Fura-2-AM, durante 30 minutos à temperatura ambiente e no escuro. Os pratos foram lavados 3 vezes com Rodent Ringer's estéril acrescido de glucose antes da imagiologia para eliminar os resíduos do corante indicador. A composição do Rodent Ringer's utilizado é a seguinte 145,5 mM de NaCl, 5 mM de KCl, 2 mM$CaCl_2$, 1 mM de $MgCl_2$, 10 mM de HEPES e 11,1 mM de glucose. Os níveis médios de Ca^{2+} intracelular em repouso foram registados durante 2-3 minutos. Em seguida, foi aplicada no banho uma solução estéril de 100 uVI de glutamato + 10 uVI de glicina dissolvidos em Ringer de roedores mais glucose. As alterações dos níveis intracelulares de Ca^{2+} foram registadas durante 5-25 minutos. Em seguida, mediu-se uma nova linha de base de Ca^{2+} intracelular e aplicou-se ao banho uma solução de KCl 80 mM (K elevado$^+$). As alterações nos níveis intracelulares de Ca^{2+} foram registadas durante mais 5-10 minutos. Todos os registos foram efectuados utilizando uma objetiva seca de 40x com uma câmara CCD Hammatsu. Foi utilizado um software de imagem Slidebook (Intelligent Imaging Innovations, Inc) para recolher e analisar os dados. As imagens foram recolhidas a cada 2,5 segundos com 100 mseg de exposição a uma excitação de 340/380. As imagens foram agrupadas em 4x4.

Medição da produção de RNS

As células de Purkinje foram dissociadas de forma aguda, como descrito anteriormente. A produção de óxido nítrico (NO) foi medida utilizando 4-amino-5-metilamino-2',7'-difluorofluoresceindiacetato (DAF-DA) adquirido à Invitrogen. As células foram carregadas com 1 μM de um DAF-DA durante 30 minutos à temperatura ambiente no escuro. Os pratos foram lavados como descrito anteriormente. Os níveis de base de RNS foram registados durante 2-3 minutos. Em seguida, o protocolo de estimulação com glutamato e K elevado^{+} descrito anteriormente foi ativado para determinar se os aumentos evocados no Ca intracelular^{2+} resultam em alterações na produção de RNS. As imagens foram obtidas a cada 5 segundos, com 50 mseg de exposição a uma excitação de 480 nm. As imagens foram divididas em 2x2.

Homogeneização de tecidos

Foram dissecados cerebelos inteiros e gastrocnémios/soleus de ratinhos de tipo selvagem e Y522S/+. As cerebelas foram homogeneizadas em tampão de lise Triton-Wahl a 1% contendo 1 μL/mL dos inibidores de protease aprotinina e leupeptina. O músculo foi homogeneizado na mesma solução com um Tissue Ruptor motorizado (Qiagen) sobre gelo em med-hi durante 30 segundos. Os homogenatos foram recolhidos e centrifugados a 10.000 rpm durante 5 minutos para sedimentar os detritos. Os sobrenadantes foram decantados e armazenados a -20°C até estarem prontos para utilização. A concentração total de proteínas para cada lisado de células inteiras foi determinada utilizando um kit de ensaio de proteínas BioRad RC/DC.

Fracionamento subcelular mitocondrial

Foram dissecados cerebelos inteiros e gastrocnémios/soleus de ratinhos de tipo selvagem e de ratinhos Y522S/+. As cerebelas foram homogeneizadas em tampão de extração citosólica suplementado com um cocktail patenteado de inibidores de proteases e DTT (BioVision: Mountain View, CA). O músculo foi homogeneizado com um Tissue Ruptor motorizado em med-hi em tampão de extração citosólica em gelo durante 30 segundos. Os homogenatos foram recolhidos e centrifugados a 700 x g durante 10 minutos a 4° C para sedimentar os detritos. Os sobrenadantes foram recolhidos e novamente centrifugados a 10 000 x g durante 30 minutos a 4° C. Em seguida, os sobrenadantes foram recolhidos e guardados como fracções citosólicas. O sedimento restante foi ressuspenso em tampão de extração mitocondrial (BioVision) e analisado quanto ao teor de proteínas utilizando um kit de ensaio de proteínas BioRad RC DC.

Western Blotting

Sessenta microgramas de proteínas totais de cada lisado cerebelar e 40 microgramas de cada lisado muscular foram adicionados individualmente ao tampão de amostra Lammeli contendo 2-mercaptoetanol e aquecidos num bloco de alumínio a 95 °C durante 10 minutos para desnaturar e reduzir as proteínas. As amostras foram carregadas num gel pré-moldado Tris-HCl com gradiente de 4-20% da BioRad. A eletroforese começou a 75 volts enquanto as proteínas passavam através do gel de empilhamento e, em seguida, aumentou para 100 volts através do gel de resolução até a frente do corante atingir quase o fundo do gel. As membranas de PVDF foram preparadas para electro-blotting mergulhando-as em metanol durante 1-2 minutos e incubando-as depois com MeOH a 20% em PBS durante 5 minutos. As membranas, os papéis e almofadas de filtro e as cassetes de transferência foram deixados de molho em tampão de transferência a 4°C até estarem prontos para a transferência. A transferência de proteínas foi completada a 100 V durante 1 hora em gelo e com agitação. A ligação inespecífica foi bloqueada incubando todos os blots com 5% de leite em PBST durante 1 hora à temperatura ambiente numa cadeira de balanço. As proteínas foram visualizadas com anticorpos secundários conjugados com peroxidase de rábano (HRP) e visualizadas com um sistema Bio-Rad ChemiDoc. Além disso, os blots anti-DNP (Cosmo Bio, Japão) foram incubados com 10 mM de 2,4-

dinitrofenil-hidrazina (DNPH) dissolvida em HCl 2N durante 5 minutos para derivitizar as proteínas modificadas por via oxidativa antes da fase de bloqueio.

Foram efectuadas lavagens extensas para garantir a preservação da membrana. Os anticorpos foram lavados das membranas por incubação num tampão de decapagem de pH baixo contendo 1,5% de glicina, 0,1% de SDS e 1% de Tween-20 durante 30 minutos numa plataforma de agitação.

As membranas foram então lavadas com PBST, bloqueadas como descrito anteriormente e reprocessadas com um anticorpo GAPDH (Sigma) como controlo de carga.

Peroxidação lipídica

Como medida da peroxidação lipídica, os níveis de MDA foram avaliados utilizando um ensaio colorimétrico em microplacas obtido na Oxford Biomedical Research (Oxford, MI). Foi efectuada uma curva padrão de MDA que permite estabelecer uma relação entre a absorvância e a concentração. Um volume igual de fracções mitocondriais de cada amostra de tecido foi incubado com o substrato não cromomérico e a absorvância do produto cromogénico foi medida a 586 nm. As concentrações de MDA foram previstas a partir da transgressão linear derivada da curva padrão e normalizadas em relação ao teor global de proteínas para uma unidade final de nmol de MDA/mg de proteína total. Cada amostra foi plaqueada em triplicado e cada experiência foi repetida duas vezes.

Imunocitoquímica

As células foram fixadas com paraformaldeído a 4% (PFA) em PBS durante 1 hora numa plataforma de agitação. Para as experiências com nitrotirosina, as células foram incubadas com 100 μM de nitroprussiato de sódio (SNP), um dador de óxido nítrico, durante 6 horas à temperatura ambiente numa plataforma de agitação, antes da fixação. As células foram então lavadas repetidamente com PBS durante 30 minutos. A ligação inespecífica foi bloqueada incubando as células com uma solução de BSA a 5% em Triton X100 a 0,2% durante 1 hora numa plataforma oscilante. As células foram incubadas com um anticorpo calbindina D28k (Millipore) diluído numa solução de BSA a 2%/0,2% de Triton X-100/PBS a uma concentração de 1:1000 durante a noite a 4° C. As proteínas foram visualizadas com anticorpos secundários conjugados com fluorescência e visualizadas com uma objetiva seca de 40x e uma câmara CCD Hammatsu. Os dados foram recolhidos e analisados com o software Slidebook (Intelligence Imaging Innovations).

Imunohistoquímica

As células cerebrais de ratinhos de tipo selvagem e Y522S/+ foram dissecadas, lavadas com PBS isento de cálcio e magnésio (CMF) e fixadas em Methacarn (metanol-clorofórmio-ácido acético glacial 6:3:1 em volume) durante 2 horas à temperatura ambiente numa plataforma de agitação. Os tecidos foram desidratados com EtOH a 100% e incluídos em blocos de parafina. Foram cortadas secções sagitais com uma espessura de 10 microns e montadas em lâminas de vidro. As secções de tecido foram reidratadas com concentrações decrescentes de etanol. A derivatização com DNPH foi efectuada incubando as secções com DNPH 10 mM em HCl 2N durante 1 hora à temperatura ambiente. O DNPH reage seletivamente com proteínas covalentemente modificadas por aldeídos reactivos como o MDA. O tecido foi lavado e acidificado antes de se iniciar a permeabilização do tecido com uma solução de Triton a 0,2%. A ligação não específica foi bloqueada com uma solução de 2% BSA/2% NGS/PBS antes da incubação do anticorpo. Os carbonilos reactivos foram marcados por incubação das secções com um anticorpo anti-DNP. Foi utilizado um anticorpo secundário fluorescente e microscopia confocal para visualizar a carbonilação das proteínas.

Imagiologia confocal

A carbonilação de proteínas nas células de Purkinje foi visualizada utilizando uma objetiva a óleo de 40x num microscópio confocal de varrimento Olympus Fluoview 1000. Os anticorpos secundários conjugados fluorescentemente foram excitados com luz de 480 nm utilizando uma abertura de laser de 75 μm a 20% da potência do laser. Foram tiradas secções de imagem a intervalos de 1 μM e empilhadas em Z. O software Fluoview 1000 fornecido foi utilizado para analisar as imagens.

Densitometria para quantificação de Western Blots

As linhas de Western blot foram enquadradas e foram criadas bandas no centro da proteína de interesse. Os níveis de proteína foram quantificados calculando a área sob a curva do perfil de intensidade da banda criada para dar unidades de INT x mm.

RESULTADOS

Para começar a caraterizar os efeitos do Y522S-RyR1 nas células de Purkinje, determinámos a sensibilidade do canal ao agonista RyR1, a cafeína. Usando o corante indicador fluorescente de Ca^{2+} Fura-2 AM, uma forma permeável à célula de Fura-2, medimos as alterações nos níveis intracelulares de Ca^{2+} em células de Purkinje Wt e Hz em resposta à aplicação focal de concentrações crescentes de cafeína. O Fura-2 é um tampão Ca^{2+} móvel de alta afinidade que pode ser utilizado para estimar com precisão as alterações nos níveis de Ca^{2+} intracelular. Estas alterações são registadas como aumentos ou diminuições no rácio F340/F380. A razão para isto deve-se às propriedades espectrais do Fura-2. Na sua conformação livre de Ca^{2+} , o Fura-2 apenas fluoresce fracamente quando excitado por comprimentos de onda de luz de 380 nm. No entanto, ao ligar-se ao Ca^{2+} , o Fura-2 sofre um desvio de absorção que aumenta a sua fluorescência quando excitado por comprimentos de onda de luz de 340 nm. Assim, o rácio das emissões fluorescentes produzidas pela excitação nestes dois comprimentos de onda da luz pode ser utilizado para medir alterações nos níveis de Ca^{2+} numa célula. À semelhança dos resultados obtidos no músculo esquelético, os resultados obtidos por outros investigadores do laboratório revelaram que a Y522S-RyR1 apresentava uma maior sensibilidade à ativação em células Purkinje cerebelares agudamente dissociadas (ver Fig. 6; Talbott & Lorenzon, dados não publicados).

$^{2+}$No músculo esquelético, a sensibilidade aumentada do Y522S-RyR1 é compensada de tal forma que os níveis de Ca sarcoplasmático em repouso e o conteúdo do depósito de Ca^{2+} do SR permanecem inalterados. Para determinar se existe uma compensação semelhante nas células de Purkinje, activámos ao máximo o RyR1 aplicando uma dose saturante de cafeína e medimos a alteração do Ca citoplasmático^{2+} .

Este método é frequentemente utilizado para estimar o conteúdo do armazenamento de Ca do RE^{2+} . Tal como previsto, não existe uma diferença significativa no conteúdo da reserva de Ca^{2+} lumenal dos ratinhos Y522S/+ em comparação com os WT ($p > 0,05$) (ver Fig. 7).

Para determinar se a fuga de Ca^{2+} associada à Y522S-RyR1 é totalmente compensada nas células de Purkinje, medimos também os níveis citoplasmáticos de Ca^{2+} em repouso. À semelhança do músculo esquelético, as células de Purkinje que expressam Y522S-RyR1 não apresentam níveis elevados de Ca citoplasmático^{2+} em comparação com os controlos WT (t_s= -0,85355, df = 21, $p > 0,05$) (ver Fig. 8 pág. 27). Foi efectuada uma imunocitoquímica utilizando o marcador de células de Purkinje, calbindina D28k, para garantir que as células de Purkinje eram selecionadas com precisão durante as experiências de imagiologia de Ca^{2+} (ver Fig. 5).

Em estudos anteriores, o músculo esquelético de ratinhos com a mutação Y522S no RyR1 apresentou níveis aumentados de peroxidação lipídica, uma forma de stress celular que pode ser causada por níveis aumentados de ROS. Repetimos estas experiências utilizando fracções mitocondriais derivadas do gastrocnémio e do sóleo de ratinhos Y522S/+ e WT em duas idades diferentes, como forma de gerar um controlo positivo. Como esperado, o músculo esquelético de ratinhos Y522S adultos demonstrou um aumento de quase 2 vezes na peroxidação lipídica, medida pelos equivalentes de malondialdeído (MDA), um dos principais produtos finais da peroxidação lipídica (t_s = 2,9817, df = 4, $p < 0,05$) (ver Fig. 9). No entanto, não foram observadas diferenças significativas na extensão da peroxidação lipídica na cerebela dos ratinhos Y522S, quer na fase juvenil quer na fase adulta.

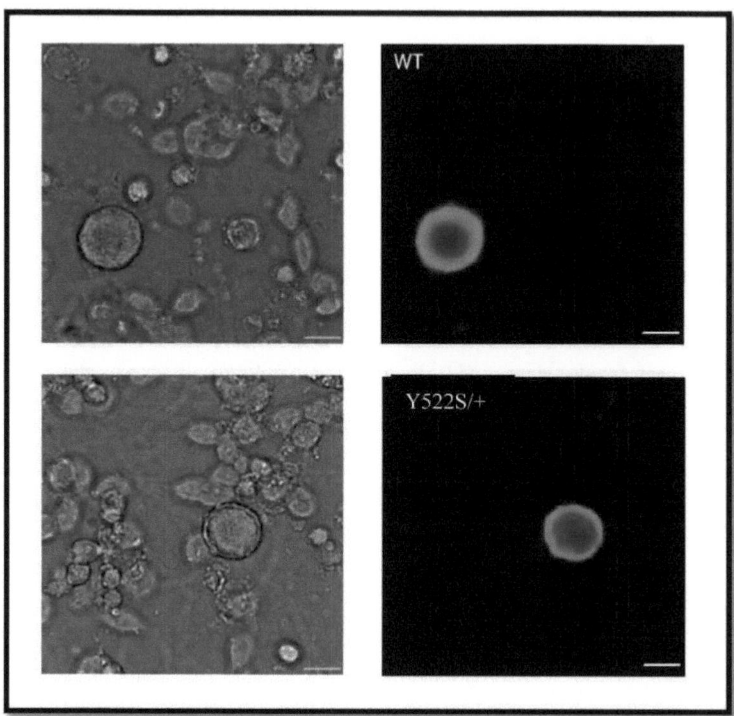

Figura 5. Células de Purkinje de ratinhos WT e Y522S-RyR1 1 dia após dissociação aguda

As células de Purkinje foram dissociadas de forma aguda e fixadas com paraformaldeído a 4% 24 horas após o plaqueamento. Foram marcadas com um anticorpo primário contra a proteína de ligação ao cálcio calbindina D28k. As células foram visualizadas com um anticorpo secundário fluorescente. A barra de escala é igual a 10 microns. As intensidades de píxeis altas e baixas foram ajustadas para normalizar a gama dinâmica visual.

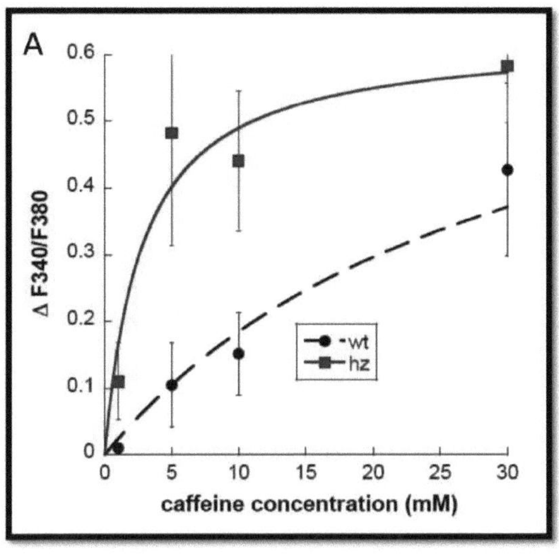

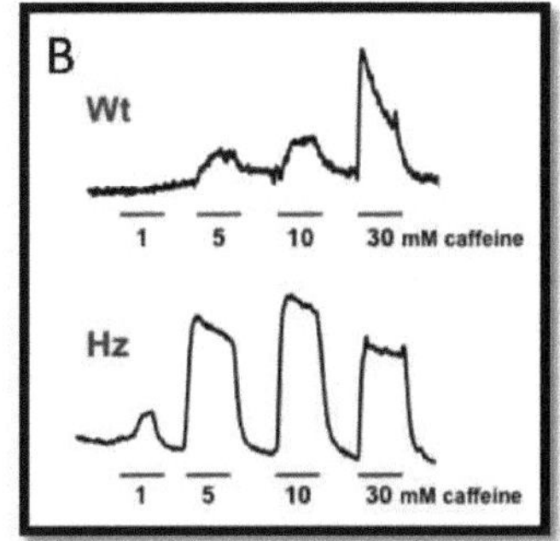

Figura 6. Y522S-RyR1 nas células de Purkinje cerebelares é mais sensível à cafeína

As células de Purkinje agudamente dissociadas foram carregadas com 5 μM Fura-2 AM. Concentrações crescentes de cafeína foram aplicadas focalmente nas células utilizando um sistema de perfusão rápida com vários barris. Entre as aplicações do agonista, o fármaco foi lavado com a aplicação de 30 segundos de solução extracelular normal. A) Libertação de Ca^{2+} das células de Purkinje Wt e Hz em resposta a várias concentrações de cafeína. B) Traços representativos dos transientes de Ca^{2+} das células de Purkinje Wt e Hz em resposta a doses crescentes de cafeína. Células WT N = 9. Células Hz N = 14. Barras de erro = SE das médias. (Talbott & Lorenzon, dados não publicados).

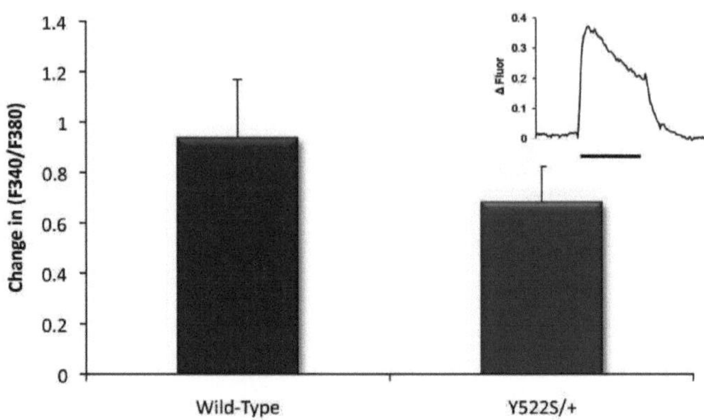

Figura 7. Conteúdo da reserva lúmenal de Ca^{2+} do ER não é diferente entre as células Y522S/+ e WT Purkinje

As células de Purkinje foram carregadas com 5 µM Fura-2 AM. A libertação de Ca^{2+} foi estimulada ao máximo através da aplicação de 30 mM de cafeína. A inserção é um traço representativo de uma resposta de Ca^{2+} de uma célula de Purkinje Hz. As barras de erro representam o SE das médias. Para células Wt, n = 25. Para células Hz, n= 37 (dados não publicados de Talbott & Lorenzon).

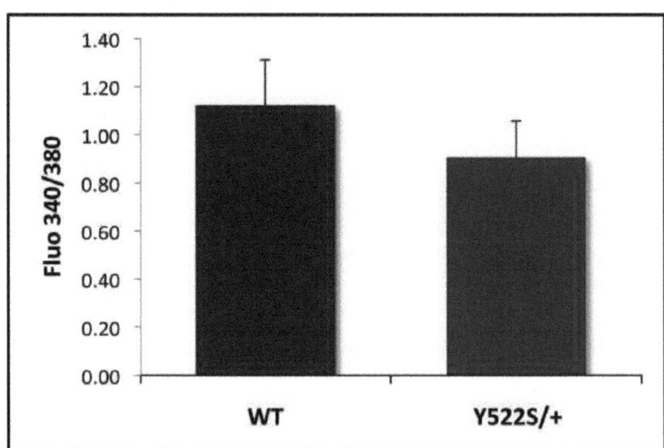

Figura 8. Níveis médios de Ca citosólico em repouso^{2+} em células de Purkinje agudamente dissociadas de ratinhos WT e Y522S/+

As células foram carregadas com 5 µM de Fura-2 AM, uma forma de Fura-2 permeante às células. Os rácios de base 340/380 foram registados durante 2-3 minutos antes da aplicação de 100 µM de glutamato para provocar um influxo excitatório de Ca^{2+} . Apenas as células que responderam positivamente ao glutamato foram incluídas nesta figura. Para as células WT, N=13. Para as células Y522S/+, N=10. Não há diferença significativa nos níveis médios de cálcio citosólico em repouso entre as células Purkinje Y522S/+ e WT (t_s = -0,85355, df = 21, p >> 0,05).

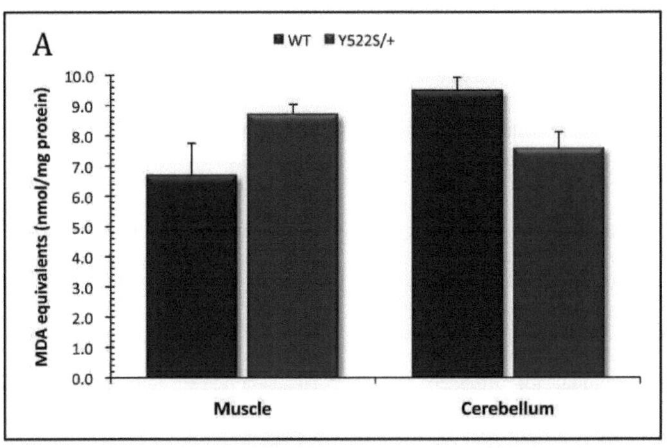

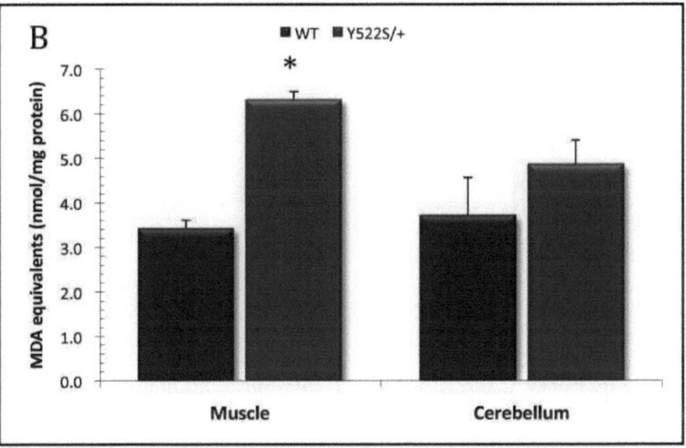

Figura 9. Peroxidação lipídica em ratinhos WT e Y522S/+ em diferentes idades.

As fracções subcelulares mitocondriais foram submetidas a um ensaio colorimétrico para a concentração de MDA para avaliar a peroxidação lipídica em ratinhos WT e Y522S/+. Os valores estimados de MDA foram normalizados para o conteúdo proteico global para corrigir a carga proteica. **A)** Peroxidação lipídica em ratinhos juvenis (< 4 meses). **B)** Peroxidação lipídica em ratinhos adultos (> 10 meses). A peroxidação lipídica está significativamente aumentada no músculo Y522S/+ adulto em comparação com o controlo WT correspondente à idade ($t_s = 2{,}9817$, $df = 4$, $p < 0{,}05$). N = 5 para ratinhos adultos. N = 3 para ratinhos jovens.

Os produtos finais da peroxidação lipídica, como o MDA, são frequentemente aldeídos ou cetonas altamente reactivos que podem causar mais danos oxidativos numa célula, modificando covalentemente as proteínas. Este processo é conhecido como carbonilação de proteínas e é um marcador de stress celular, uma vez que a modificação estrutural das proteínas pode levar à alteração da sua função. Utilizámos a imunohistoquímica para determinar se as células Purkinje de ratinhos Y522S/+ adultos apresentam níveis aumentados de carbonilação de proteínas em comparação com os ratinhos WT. Para o efeito, foram cortadas secções finas de tecido das células cerebrais Y522S e WT e incubadas com 2,4-dinitrofenil-hidrazina (DNPH) para derivatizar as proteínas carboniladas. As secções foram então incubadas com um anticorpo anti-DNP para marcar seletivamente as proteínas carboniladas. Em seguida, foi utilizado um anticorpo secundário fluorescente para visualizar as moléculas de DNP. Após a normalização das imagens para a mesma gama dinâmica, as células P dos ratinhos Y522S parecem apresentar níveis aumentados de carbonilação de proteínas (ver painel central da fig. 10).

Figura 10. As células de Purkinje dos ratinhos Y522S/+ apresentam um aumento da carbonilação de proteínas

As secções de tecido foram incubadas com DNPH 10 mM para derivatizar os carbonilos das proteínas. Foram então utilizados corpos anti-DNP para marcar as proteínas carboniladas e anticorpos secundários fluorescentes para visualizar as moléculas de DNP. As secções de imagem ótica foram obtidas com um microscópio confocal Olympus Fluoview 1000 a intervalos de 1-2 microns e analisadas com o software FV1000. Barra de escala = 40 pm.

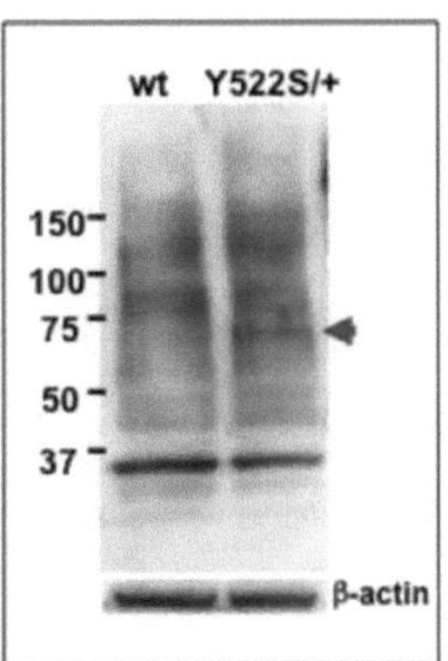

Figura 11. A carbonilação de proteínas pode estar aumentada na cerebela de ratinhos Y522S/+

As proteínas de lisados de células cerebelares inteiras foram separadas por SDS-PAGE. Após a transferência das proteínas para membranas de PVDF, os carbonilos proteicos foram derivados e os blots foram sondados com um anticorpo anti-DNP. Foram utilizados anticorpos secundários conjugados com HRP para visualizar os carbonilos proteicos. Após a normalização dos níveis de intensidade das bandas proteicas dos ratinhos Wt e Y522S para o respetivo controlo de carga (ver Métodos), observou-se um aumento de quase duas vezes numa banda proteica (ponta de seta) com um peso molecular aparente de ~60 kDa nos ratinhos Y522S.

Foi efectuada uma imunotransferência para verificar se as proteínas que apresentam um aumento da carbonilação nos ratinhos Y522S/+ podiam ser especificamente identificadas. Os lisados de células inteiras da cerebela dos ratinhos Y522S/+ e WT foram separados por SDS-PAGE utilizando géis de gradiente. Depois de as proteínas terem sido transferidas para membranas de PVDF, os blots foram incubados com uma solução de DNPH 10 mM para derivatizar as proteínas carboniladas. Os blots foram sondados com o mesmo anticorpo anti-DNP utilizado na experiência anterior. Uma proteína desconhecida na cerebela dos ratinhos Y522S, com um peso molecular aparente de ~60 kDa, apresentou um aumento de 2 vezes na carbonilação em relação ao controlo WT (ver Fig. 11). Depois de examinarmos vários marcadores de stress celular, como a peroxidação lipídica e a carbonilação de proteínas na cerebela dos ratinhos Y522S, e de encontrarmos poucas ou nenhumas diferenças significativas em comparação com os controlos WT, investigámos as alterações nos ratinhos Y522S que poderiam constituir potenciais mecanismos compensatórios para o aumento da libertação de Ca^{2+}

das reservas.

Por conseguinte, colocámos a questão de saber se os ratinhos mutantes aumentam a expressão de proteínas endógenas de ligação ao Ca^{2+} . Avaliámos os níveis de expressão da calbindina D28k utilizando análises de western blot em lisados cerebelares completos de ratinhos Y522S em diferentes idades. Os ratinhos Y522S adultos expressam significativamente menos calbindina do que os ratinhos WT (t stat = -4,54343, df = 2, p <0,05). Atualmente, as causas ou consequências de tal alteração na expressão da calbindina não são claras (ver Fig. 12)

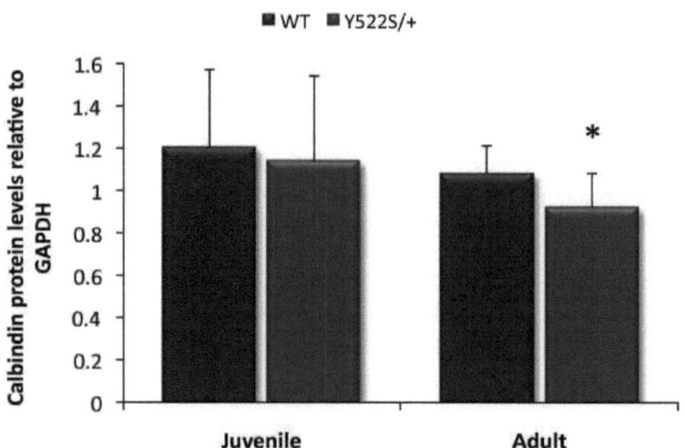

Figura 12. Expressão da proteína de ligação Ca^{2+} calbindina D28k em ratinhos WT e Y522S-RyR1 em diferentes idades

As células cerebrais de jovens (~ 2 meses) e adultos (~ 12 meses) foram dissecadas e homogeneizadas conforme descrito anteriormente. Os blots de proteínas foram sondados com um anticorpo anti-calbindina e, em seguida, desnudados e reprocessados para GAPDH como controlo de carga. Foi efectuada densitometria e todas as bandas de calbindina foram normalizadas para os respectivos controlos de carga. Os ratinhos Y522S/+ adultos expressam menos calbindina em relação à GAPDH do que os ratinhos WT (t stat = 4,54343, df = 2, p < 0,05). As barras de erro representam SE das médias.

Uma vez que o músculo esquelético que expressa Y522S-RyR1 apresenta níveis aumentados de ROS/RNS, procurámos determinar se os mecanismos compensatórios nas células de Purkinje cerebelares incluem um aumento do potencial anti-oxidante. A regulação positiva de enzimas anti-oxidantes, como a glutationa peroxidase ou a superóxido dismutase (SOD), poderia ser parcialmente responsável pela ausência de defeitos celulares graves nas células de Purkinje cerebelares adultas de ratinhos Y522S. Por conseguinte, examinámos os níveis proteicos de SOD 1 e 2 no cerebelo para determinar se o RyR1 mutante conduz a uma regulação positiva da proteína SOD. Não foram encontradas diferenças significativas no cerebelo dos ratinhos Y522S e WT. Também examinámos os níveis de SOD1 e SOD2 nos músculos dos ratinhos Y522S e WT. Estudos anteriores que utilizaram os ratinhos Y522S/+ não investigaram se a expressão destas proteínas pode estar aumentada no músculo esquelético.

A nossa hipótese era que o músculo mostraria aumentos nos níveis de proteína SOD2 porque a ultraestrutura e a função mitocondrial estão significativamente comprometidas nos ratinhos Y522S/+ (Durham et al. 2008). A desorganização e o inchaço da membrana mitocondrial interna podem ter um efeito dramático na função das proteínas associadas ao processo de fosforilação oxidativa. Isto pode levar a um aumento dos níveis de ROS, que podem oxidar lípidos e proteínas susceptíveis. No entanto, não observámos diferenças significativas na expressão de SOD1 ou SOD2 no músculo dos ratinhos Y522S (ver Fig. 13).

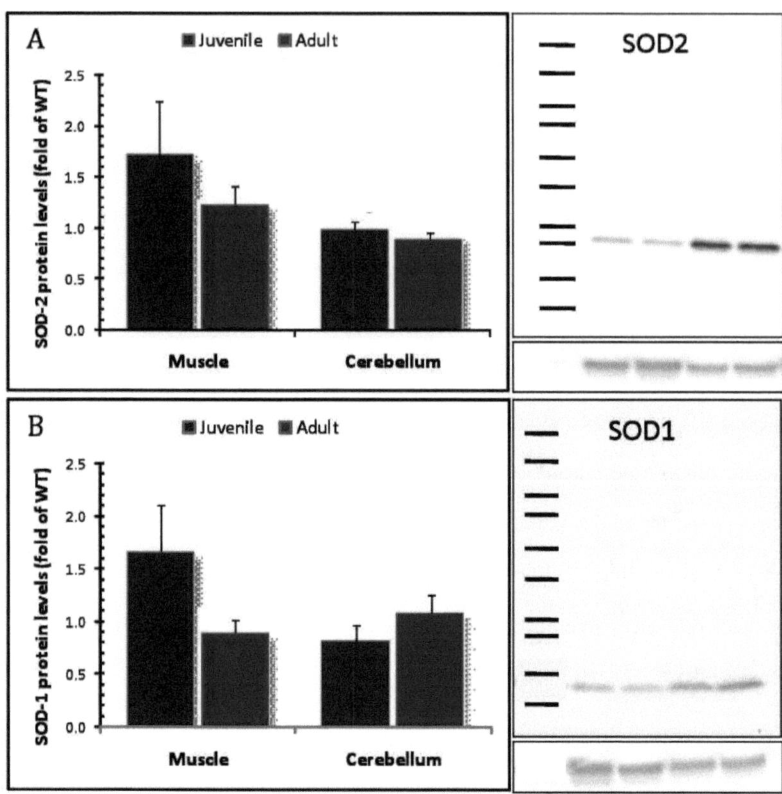

Figura 13. Expressão das enzimas anti-oxidantes SOD1 e SOD2 em ratinhos Y522S/+ em diferentes idades.

Os lisados de células inteiras foram gerados e analisados como descrito anteriormente. Os blots foram removidos e reprocessados com GAPDH como controlo de carga, conforme indicado no blot da SOD. Após a normalização, os valores de intensidade das bandas proteicas dos ratinhos Y522S/+ foram normalizados pelos controlos WT. N = 4 ratinhos para cada idade e genótipo. As experiências foram duplicadas e os valores de intensidade foram calculados como média. Cada blot de SOD foi carregado com lisado de ratinhos adultos da seguinte forma: a pista 1 é o músculo WT; a pista 2 é o músculo Hz; a pista 3 é o cerebelo WT; a pista 4 é o cerebelo Hz.

Embora as células de Purkinje dos ratinhos Y522S/+ não apresentem defeitos celulares graves, a exposição frequente a níveis elevados de Ca^{2+} , ROS ou RNS pode torná-las mais sensíveis ao stress celular. Isto pode ser especialmente verdadeiro se ocorrerem danos oxidativos em proteínas que regulam a homeostase do Ca^{2+} ou que têm uma função anti-oxidante. Testámos esta ideia expondo as células de Purkinje agudamente dissociadas a uma dose excitotóxica de glutamato e medindo a produção de RNS.

A estimulação glutamatérgica prolongada deve provocar um forte aumento dos níveis intracelulares de Ca^{2+} , permitindo o influxo de Ca^{2+} através do recetor ionotrópico do glutamato, AMPAR, e através dos receptores metabotrópicos do glutamato, que podem libertar Ca^{2+} através do segundo mensageiro, IP_3 . Este aumento pode levar a uma maior produção de RNS através da ativação de enzimas sensíveis ao Ca^{2+} , como a NOS, a XO e a NADPH oxidase. Todas estas vias podem levar a um aumento dos níveis de óxido nítrico. Para determinar a sensibilidade das células de Purkinje dos ratinhos Y522S/+ à excitotoxicidade, carregámos as células de Purkinje com o corante fluorescente indicador de NO, 4-amino-5-metilamino-2',7'- difluorofluoresceindiacetato (DAF-DA). Aplicámos 100 µM de glutamato mais 10 µM do co-agonista do recetor de glutamato glicina à solução de banho e recolhemos a emissão de fluorescência de moléculas DAF excitadas (ver Fig. 14). Embora as células de Purkinje tenham exibido respostas robustas de Ca^{2+} a este protocolo de estimulação (Fig. 14, painel D), houve geralmente pouca ou nenhuma alteração na emissão de fluorescência do indicador de óxido nítrico, DAF-DA (ver Fig. 15).

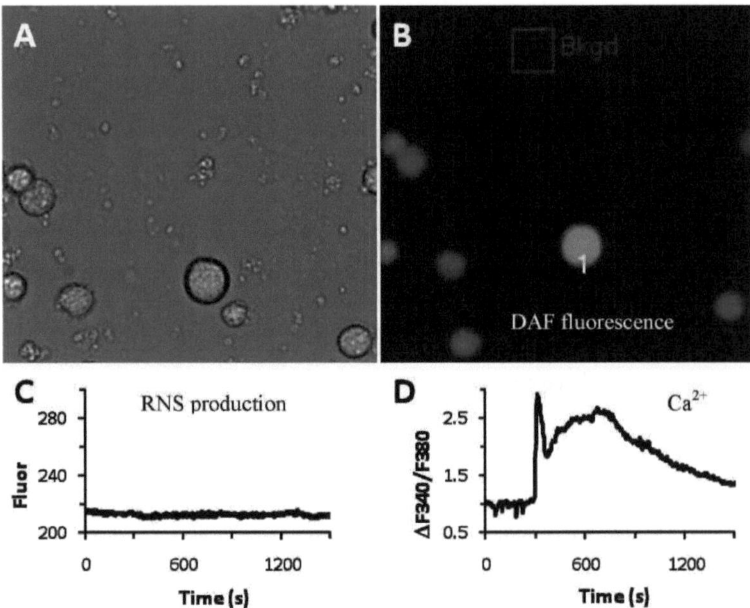

Figura 14. Os níveis intracelulares de Ca^{2+} aumentam nas células Purkinje do rato Y522S/+ durante a exposição ao glutamato

A) Imagem de campo claro de uma célula de Purkinje Hz antes da estimulação com glutamato. B) As células de Purkinje foram carregadas com 1 μM do indicador fluorescente de NO, DAF-DA. C) Emissão de fluorescência do DAF em resposta à exposição contínua ao glutamato. D) As células de Purkinje foram carregadas com 5 μM Fura-2 AM como descrito anteriormente. As alterações no Ca intracelular^{2+} em resposta à exposição contínua ao glutamato foram registadas através da monitorização do rácio F340/F380 (ver métodos).

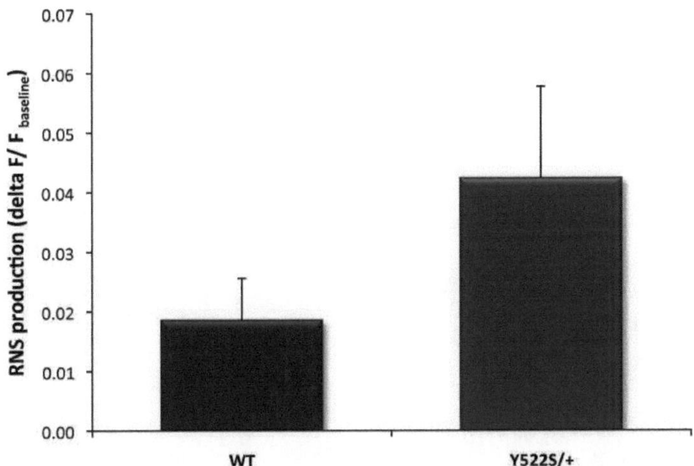

Figura 15. Produção de RNS em células de Purkinje agudamente dissociadas de ratinhos Y522S e WT expostos a glutamato.

As células foram carregadas com o corante indicador de RNS DAF-FM. Foi registada a fluorescência de base e, em seguida, foi aplicado glutamato (100 µM). A produção de RNS foi registada até 40 minutos. Barras de erro = SE das médias. N = 10 células para cada genótipo. Não há diferença significativa entre as células Y522S e WT Purkinje com relação à produção de RNS em resposta à exposição contínua ao glutamato ($t_s = 1.4357$, $df = 9$, $p < 0.05$).

Numa experiência final, foi testada a sensibilidade das células de Purkinje mutantes ao stress nitrosativo induzido. Incubámos células de Purkinje agudamente dissociadas com 100 µM de nitroprussiato de sódio (SNP), uma molécula altamente instável que se dissocia rapidamente em moléculas de óxido nítrico. Utilizámos a imunocitoquímica para avaliar os níveis de resíduos de nitrotirosina nas células de Purkinje. Os resíduos de tirosina são particularmente susceptíveis à nitração por RNS como o peroxinitrito. O peroxinitrito pode formar-se quando estão presentes RNS e ROS, principalmente através da interação entre o anião superóxido e o óxido nítrico. Após uma incubação de 6 horas com SNP, medimos a nitração de proteínas em ratinhos Y522S e WT.

Depois de analisar as imagens, não encontrámos quaisquer diferenças significativas na sensibilidade dos ratinhos Y522S ao stress nitrosativo em comparação com os ratinhos Wt (ver Fig. 16). No entanto, foi observado um elevado grau de nitração das proteínas nos controlos sem stress, e não é claro até que ponto é possível detetar outros aumentos da nitração das proteínas. É possível que a dissociação aguda cause, por si só, um stress nitrosativo significativo e que o nosso dador de óxido nítrico não tenha conseguido provocar um aumento dos níveis de nitração proteica para além deste.

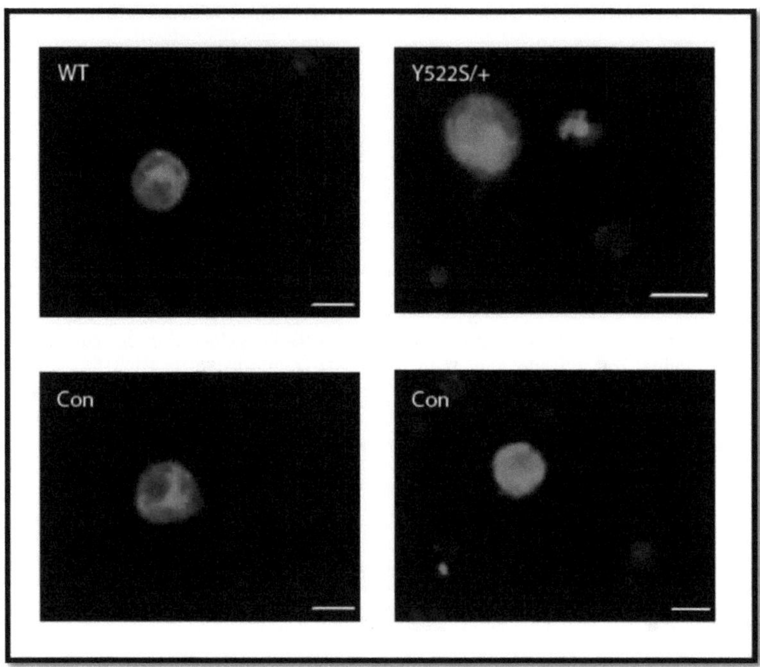

Figura 16. Células de Purkinje agudamente dissociadas de ratinhos WT e Y522S/+ após stress nitrosativo de curta duração

Células de Purkinje agudamente dissociadas de ratinhos WT e Y522S foram desafiadas com o dador de óxido nítrico SNP. As células foram fixadas e sondadas com um anticorpo anti-nitrotirosina para avaliar os níveis de nitração de proteínas. São apresentados controlos sem stress para demonstrar o grau de stress nitrosativo basal. Barras de escala = 10 pm.

DISCUSSÃO

Parte 1: Stress celular basal nas células Purkinje cerebelares de ratinhos Y522S

Estudos preliminares realizados no nosso laboratório demonstram que o Y522S-RyR1 nas células Purkinje cerebelares é mais sensível a activadores de canais como a cafeína (ver Fig. 6). Estas observações estão correlacionadas com resultados anteriores utilizando músculo esquelético colhido de ratinhos Y522S/+ (Durham et. al., 2008). Assim, tanto os tipos de células musculares como neuronais apresentam uma ativação reforçada do canal de libertação de Ca^{2+} . No músculo esquelético, as consequências desta sensibilidade aumentada incluem: aumento da produção de ROS/RNS, aumento da peroxidação lipídica, desorganização da ultra-estrutura mitocondrial e comprometimento da função muscular. No entanto, o efeito do aumento da sensibilidade do RyR1 não foi investigado nas células de Purkinje. Por isso, examinámos vários marcadores de stress celular para determinar se existem consequências patológicas semelhantes nas células de Purkinje.

No músculo esquelético, a mutação Y522S-RyR1 causa stress celular, apesar de os níveis de Ca^{2+} citosólico em repouso e o conteúdo do depósito de Ca^{2+} do RE não serem afectados em comparação com o músculo normal (Durham et. al., 2008). Relatamos que o conteúdo da reserva de Ca do RE^{2+} e os níveis de Ca citosólico em $repouso^{2+}$ nas células de Purkinje não são significativamente diferentes entre os ratinhos Y522S e WT (ver Figs. 7 e 8). Estes resultados apoiam a hipótese de que as mutações MH no RyR1 afectam tipicamente a sensibilidade da ativação do canal e aumentam a atividade do canal, mas podem não causar necessariamente grandes perturbações globais na homeostase do Ca^{2+} .

Uma ressalva do nosso desenho experimental que poderia ter influenciado estes resultados diz respeito à idade dos ratinhos utilizados nestas experiências. O tecido cerebelar para as experiências com células individuais foi colhido de ratinhos com idade não superior a 4 semanas. Esta idade dos ratos foi escolhida para todas as nossas experiências de imagiologia Ca^{2+} para garantir que uma elevada percentagem de células estaria fisiologicamente ativa, ou seja, capaz de libertar Ca^{2+} em resposta à ativação do RyR1. Não é claro se as células de Purkinje de ratinhos Y522S/+ adultos apresentariam níveis citoplasmáticos de Ca^{2+} em repouso e conteúdo de armazenamento de Ca^{2+} no ER semelhantes aos dos ratinhos WT se fossem tão reactivas em cultura a curto prazo como o são na juventude. É possível que a exposição frequente e excessiva a níveis elevados de Ca^{2+} , ROS e RNS possa prejudicar a função reguladora de determinadas proteínas que afectam os níveis de Ca^{2+} nestes compartimentos. Por exemplo, sabe-se que a atividade das bombas SERCA é regulada endogenamente por modificações redox. Enquanto as condições oxidativas ligeiras podem aumentar a atividade da bomba através da S-glutationilação de um resíduo de cisteína chave (674), um ambiente altamente oxidativo pode levar à sulfonilação da Cys674, que inibe irreversivelmente a atividade da bomba (Csordas e Hajnoczky, 2009).

A fuga de Ca^{2+} associada a uma maior sensibilidade do canal RyR1 no músculo esquelético dos ratinhos Y522S/+ causa stress celular através de um mecanismo de feed-forward. Os níveis elevados de Ca^{2+} neste tecido conduzem a um aumento da produção de ROS, o que leva a um aumento da peroxidação lipídica (Durham et. al., 2008). As cadeias acilo poli-insaturadas dos fosfolípidos e dos ácidos gordos poli-insaturados (AGPI) são particularmente sensíveis à oxidação por ROS. Os lípidos susceptíveis podem formar hidroperóxidos lipídicos quando expostos a radicais livres como o anião superóxido (ver Fig. 17).

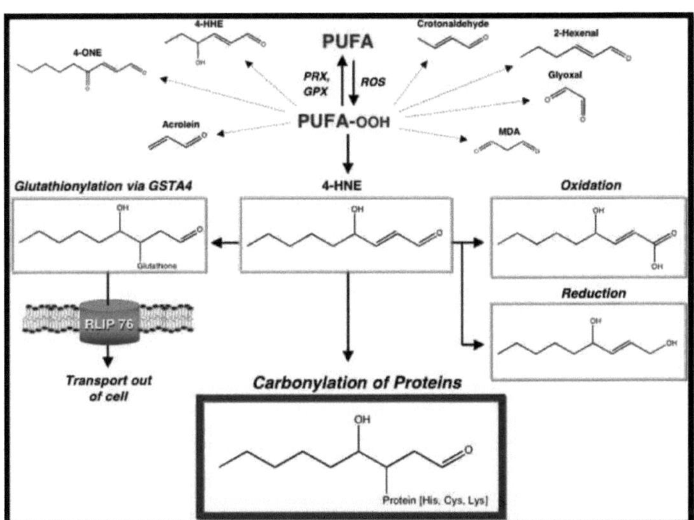

Figura 17. A peroxidação lipídica leva à formação de aldeídos reactivos que podem modificar covalentemente as proteínas

Os ácidos gordos poli-insaturados (PUFA) podem ser oxidados por ROS, resultando em hidroperóxidos lipídicos (PUFA-OOH). Estes lípidos modificados oxidativamente podem sofrer clivagem que leva à formação de aldeídos alfa, beta-insaturados como o 4-HNE e dialdeídos como o MDA. Estes aldeídos reactivos podem modificar covalentemente as proteínas em certos aminoácidos electrofílicos, como a histidina, a cisteína e a lisina, através da adição de Michael, num processo denominado carbonilação de proteínas (adaptado de Grimsrud et al., 2008).

A peroxidação lipídica é uma consequência particularmente perigosa dos ERO porque pode potenciar o stress celular. Isto pode acontecer de duas formas. Em primeiro lugar, a oxidação de lípidos críticos pode afetar diretamente a fluidez, a permeabilidade, as propriedades eléctricas passivas e a atividade enzimática das membranas celulares, o que pode afetar drasticamente a sua estrutura e função (revisto por Paradies et. al., 2009). A peroxidação lipídica pode ser especialmente prejudicial para uma célula se as ROS modificarem oxidativamente os lípidos que estão envolvidos na fosforilação oxidativa. Por exemplo, foi demonstrado que a peroxidação de um fosfolípido mitocondrial essencial, a cardiolipina, provoca uma diminuição da atividade dos complexos I, III e IV da cadeia de transporte de electrões, o que resulta numa eficiência reduzida do transporte de electrões (Paradies et al., 2009).

Desta forma, as ROS prejudicam a produção de ATP, que pode ser necessária para apoiar a atividade antioxidante ou retificar a desregulação do Ca^{2+}.

A segunda forma de a peroxidação lipídica causar stress celular é mais indireta. Os hidroperóxidos lipídicos sofrem facilmente a clivagem não enzimática de Hock, que gera fragmentos de aldeídos e cetonas derivados de lípidos que são altamente reactivos e podem causar danos celulares em locais distantes (Grimsrud et al., 2008). Estes "carbonilos reactivos" podem modificar covalentemente as proteínas em aminoácidos susceptíveis, alterando assim a sua função. A carbonilação das proteínas é o nome dado a este processo e é outro marcador de stress celular que pode ocorrer em resposta a uma exposição prolongada aos ERO. A carbonilação de proteínas significa simplesmente a adição de grupos funcionais de carbonilo reactivos a cadeias laterais de aminoácidos susceptíveis. A carbonilação direta pode ocorrer através da modificação oxidativa de resíduos de lisina, arginina e prolina na presença de H O_{22} e Fe^{2+} (Houtkooper e Vaz, 2008). No entanto, é mais frequente a carbonilação de proteínas ocorrer através da adição de Michael de aldeídos reactivos, formados a partir da clivagem de hidroperóxidos lipídicos, a resíduos de lisina, histidina e cisteína (ver Fig. 18).

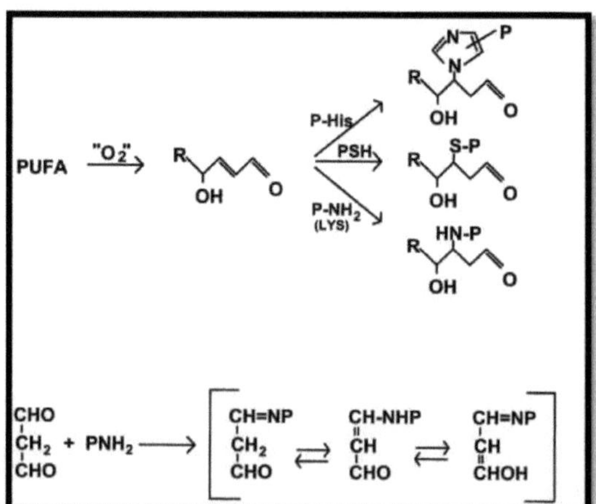

Figura 18. Carbonilação de proteínas através de 4-HNE e MDA

A oxidação dos ácidos gordos poli-insaturados (AGPI) conduz a fragmentos de aldeídos reactivos como o 4-HNE, que podem modificar covalentemente as proteínas nos resíduos His, Cys ou Lys através da adição de Michael. Os dialdeídos, como o MDA, também podem ser formados a partir da clivagem de hidroperóxidos lipídicos e modificar covalentemente os grupos amino das proteínas carboniladas (modificado de Berlett e Stadtman, 1997).

A quantificação de uma destas moléculas derivadas de lípidos, o malondialdeído (MDA), é um método frequentemente utilizado para medir indiretamente a extensão da peroxidação lipídica numa célula (ver Fig. 9). Estudos anteriores (Durham et al. 2008) demonstraram que o músculo esquelético de ratinhos Y522S/+ adultos apresenta uma maior peroxidação lipídica. Repetimos estas experiências medindo os níveis de MDA em fracções subcelulares mitocondriais do músculo esquelético e da cerebela. Uma vez que as mitocôndrias geram grandes quantidades de ROS em comparação com outros compartimentos subcelulares, é provável que a peroxidação lipídica seja observada nesta fração. Foi observado um aumento de duas vezes na peroxidação lipídica do músculo esquelético de ratinhos Y522S adultos ($p = 0{,}04$). No entanto, o mesmo ensaio realizado em fracções mitocondriais cerebelares não revelou quaisquer diferenças significativas entre os ratinhos Y522S e WT, embora parecesse existir uma tendência (ver Fig. 9).

Os nossos resultados não excluem a possibilidade de as células de Purkinje individuais sofrerem um aumento da peroxidação lipídica, mas apenas que não foi detectado um aumento significativo da peroxidação nas fracções cerebelares completas. Embora as células de Purkinje sejam de importância vital para a função cerebelar geral, elas são muito mais numerosas do que outras células do cerebelo. Neste sentido, alterações subtis da peroxidação lipídica nas células de Purkinje poderiam ser facilmente mascaradas pela ausência de alterações noutros tipos de células cerebelares. Por conseguinte, a fim de determinar se as alterações da peroxidação lipídica ocorrem especificamente nas células de Purkinje, deve ser utilizado um procedimento de separação/enriquecimento. No entanto, é tecnicamente mais difícil separar as células de Purkinje de outros neurónios cerebelares em ratos com mais de algumas semanas de idade, devido ao aumento da semelhança no tamanho das células e nos antigénios de superfície; diferenças que são frequentemente exploradas por técnicas de separação em ratos embrionários ou pós-natais precoces.

Para contornar esta questão, foram utilizadas técnicas imuno-histoquímicas para medir alterações específicas das células de Purkinje na carbonilação de proteínas, um marcador de stress oxidativo que está correlacionado com a peroxidação lipídica. Em várias experiências, a camada de células de Purkinje da cerebela mutante Y522S/+ pareceu apresentar um aumento da carbonilação de proteínas em comparação com os controlos WT (ver Fig. 10).

Como segundo método para avaliar a extensão da carbonilação de proteínas, realizámos western blots utilizando lisados cerebelares completos de ratinhos mutantes e de ratinhos WT. Houve poucas diferenças na carbonilação de proteínas entre os ratinhos Y522S/+ e WT. No entanto, uma banda proteica de ~ 60 kDa de tamanho teve um aumento de duas vezes na carbonilação em ratinhos Y522S/+. Numa tentativa rápida de identificar a proteína modificada, refizemos o blot com anticorpos contra várias proteínas que pensámos poderem ser modificadas oxidativamente nos ratinhos mutantes. No entanto, não foi possível determinar a(s) proteína(s) específica(s) responsável(is) pelo aumento. Uma preocupação com esta experiência é que o nosso método de derivatização dos carbonilos das proteínas não foi totalmente optimizado. Na experiência apresentada na Fig. 11, as membranas de PVDF foram incubadas com DNPH após a transferência das proteínas. Outros protocolos para a derivatização de carbonilos de proteínas sugerem a incubação dos próprios lisados celulares com DNPH. Embora ambos os métodos de immunoblotting tenham sido utilizados para estudar a carbonilação de proteínas, não é claro se um dos métodos é mais eficaz.

Foram tentadas medidas adicionais de stress celular na cerebela de ratinhos Y522S/+ e WT; no entanto, não foram obtidos resultados reprodutíveis nestas experiências. As experiências para detetar alterações nos danos no ADN foram concluídas utilizando métodos imunohistoquímicos com um anticorpo contra a 8-oxo-2'-deoxiguanosina, um marcador de um determinado tipo de danos oxidativos no ADN. Também medimos os níveis de nitração da tirosina das proteínas utilizando técnicas imunohistoquímicas e de immunoblotting. Para se ter a certeza dos efeitos da mutação Y522S do RyR1 nas células de Purkinje cerebelares, é necessário efetuar uma avaliação mais exaustiva dos níveis de stress celular basal.

Parte II: Mecanismos de compensação envolvidos na regulação da libertação de Ca^{2+} e na prevenção do stress celular

Os nossos resultados sugerem que as células de Purkinje dos ratinhos Y522S/+ não apresentam defeitos celulares graves. Isso não é surpreendente, pois sabe-se que as células de Purkinje cerebelares têm uma capacidade considerável de tamponamento de Ca^{2+} . Este facto deve-se, em parte, à expressão de várias proteínas de ligação ao Ca^{2+} de elevada afinidade, especialmente a parvalbumina e a calbindina. A calbindina é normalmente utilizada como marcador das células de Purkinje, uma vez que é altamente expressa nas células de Purkinje e apenas fracamente expressa noutros neurónios cerebelares. Assim, se a mutação do RyR1 causar uma alteração na expressão da calbindina nas células de Purkinje, é menos provável que essa alteração seja mascarada pela expressão da calbindina noutras células cerebelares. Não foi observada uma regulação positiva compensatória da expressão da calbindina nos ratinhos Y522S em relação aos WT. Pelo contrário, o cerebelo adulto Y522S/+ expressa menos proteína calbindina do que os controlos WT, embora a significância seja marginal ($p = 0,045$).

Para além das alterações na expressão da proteína tampão Ca^{2+} , as células de Purkinje mutantes podem também compensar o RyR1 hipersensível sequestrando o excesso de Ca^{2+} em compartimentos subcelulares. As mitocôndrias desempenham um papel importante na captação de Ca^{2+} . Nos neurónios, onde a concentração citosólica de Ca^{2+} em repouso é de ~ 50-150 nM, as mitocôndrias podem acumular Ca^{2+} assim que os níveis citosólicos atingem 500 nM (Nicholls, 2008). Curiosamente, a maquinaria mitocondrial de importação de Ca^{2+} tem uma afinidade relativamente fraca para o Ca^{2+} (Graier et. al., 2007). Esta perplexidade ainda não foi totalmente resolvida, mas é melhor explicada por mitocôndrias que estão expostas a microdomínios de elevada concentração de Ca^{2+} . De facto, numerosos estudos de imagem observaram a existência de "amarras" proteicas entre as mitocôndrias e as membranas SR/ER que provavelmente acoplam os locais de libertação de Ca^{2+} aos canais de entrada de Ca mitocondrial^{2+} (revisto por Franzini-Armstrong, 2007).

Embora as mitocôndrias tenham uma capacidade incrível de armazenar Ca^{2+} , não funcionam apenas como sumidouros de Ca^{2+} . É agora amplamente aceite que a captação e a libertação mitocondriais de Ca^{2+} são eventos importantes que podem afetar numerosos processos celulares e contribuir para a regulação espacial e temporal do Ca^{2+} numa célula. Por exemplo, sabe-se que a captação mitocondrial de Ca^{2+} estimula a fosforilação oxidativa, aumentando a atividade de três desidrogenases ligadas ao ciclo do ácido cítrico: piruvato desidrogenase, isocitrato desidrogenase e alfa-cetoglutarato desidrogenase (revisto em Gunter et. al., 2000). A sensibilidade ao Ca^{2+} também foi registada para a F F_{01} - ATPase (Harris e Das, 1991) e o transportador de nucleótidos de adenina (ANT) (Moreno-Sanchez, 1985). Deste modo, o Ca^{2+} pode atuar como um modulador positivo da síntese de ATP. A capacidade do Ca^{2+} para responder às necessidades energéticas é certamente valiosa nas células excitáveis, onde ocorrem frequentemente aumentos rápidos e substanciais dos níveis citoplasmáticos de Ca^{2+} . Assim, a captação mitocondrial de Ca^{2+} funciona não só para ajudar a amortecer as elevações transitórias, mas também para fornecer energia às enzimas, a fim de armazenar ou extrudir Ca^{2+} após a ocorrência de um evento de sinalização.

Infelizmente, a captação mitocondrial de Ca^{2+} é conhecida pelos seus papéis mais nefastos na geração de ROS e na indução da morte celular. Ironicamente, a captação moderada de Ca^{2+} é considerada, em alguns casos, como um mecanismo de proteção contra o stress oxidativo. Ao estimular a fosforilação oxidativa, tal como descrito anteriormente, o Ca^{2+} aumenta o consumo de O_2 , reduz a tensão de O_2 no microambiente mitocondrial e, por conseguinte, diminui o risco de formação de ERO (Kowaltowski et. al., 2009). Além disso, um aumento da taxa de transporte de electrões resulta tipicamente num menor potencial de membrana mitocondrial interna (AT_m), uma condição que termodinamicamente desfavorece as transferências de electrões reversas, que podem por vezes levar à produção de superóxido no complexo I (Turrens, 2003). Além disso, o NADPH adicional produzido pela ativação sensível ao Ca^{2+} das desidrogenases da matriz fornece electrões às enzimas antioxidantes para evitar danos mediados por ROS. No entanto, quando a carga mitocondrial de Ca^{2+} se torna demasiado grande, os efeitos prejudiciais da captação de Ca^{2+} prevalecem.

A elevação prolongada dos níveis citosólicos de Ca^{2+} e a consequente sobrecarga mitocondrial de Ca^{2+} podem levar rapidamente à morte celular. No citoplasma, o excesso de Ca^{2+} pode causar um aumento da produção de ROS e/ou RNS através da ativação dependente de Ca^{2+} das NADPH oxidases (NOX) e das óxido nítrico sintases (NOS) (revisto por Gu et. al., 2010). Foi também demonstrado que o Ca^{2+} afecta a motilidade e a morfologia mitocondriais. De facto, observou-se que a motilidade mitocondrial foi completamente interrompida por concentrações elevadas (1-2 μM) de Ca citoplasmático^{2+} (Yi et. al., 2004). A limitação do movimento das mitocôndrias pode impedi-las de aceder a microdomínios de concentrações elevadas de Ca^{2+} e de os tamponar.

Níveis elevados de Ca citoplasmático^{2+} podem também perturbar a estrutura mitocondrial, o que frequentemente agrava a desregulação do Ca^{2+} e o stress oxidativo. Por exemplo, a translocação induzida por Ca^{2+} da proteína citosólica relacionada com a dinamina, DRP-1, para a membrana mitocondrial externa promove a fissão mitocondrial (Graier et. al., 2007). Foi demonstrado que a fissão mitocondrial excessiva facilita a libertação de ROS, potenciando assim o stress celular (Yu et. al., 2006). Na membrana mitocondrial interna, foi demonstrado que o Ca^{2+} se liga à cardiolipina e induz a formação de aglomerados lipídicos imobilizados (Grijalba et. al., 1999). Uma vez que se crê que a cardiolipina interage com componentes da CTE, as alterações lipídicas/proteicas podem conduzir a transferências aberrantes de electrões e a um aumento da produção de ROS. Além disso, a ativação dependente de Ca^{2+} da fosfolipase A mitocondrial$_2$ leva à libertação de ácidos gordos, resultando no inchaço da matriz mitocondrial e na libertação de factores pró-apoptóticos (Waite et. al., 1969).

Embora os efeitos de concentrações elevadas de Ca^{2+} na estrutura e função das mitocôndrias possam ser graves, a principal fonte de stress oxidativo mediado por Ca^{2+} provém da geração de ROS na cadeia de transporte de electrões (ETC). Estima-se que 1-4% de todo o O_2 que entra na CTE sofre reduções de um único eletrão, o que resulta na formação do anião superóxido altamente instável (O_2^-) (revisto por Csordas e Hajnoczky, 2009). Como mencionado anteriormente, a captação de Ca^{2+} estimula a taxa respiratória mitocondrial através da ativação de desidrogenases da matriz sensíveis ao Ca^{2+} . Até certo ponto, isso protege as mitocôndrias do estresse oxidativo, diminuindo $\Delta\Psi_m$. No entanto, a sobrecarga de Ca^{2+} aumenta a taxa respiratória de tal forma que as reduções de um único eletrão de O_2 se tornam mais frequentes. Assim, durante elevações prolongadas de Ca^{2+} , podem ser geradas grandes quantidades de superóxido.

Felizmente, as mitocôndrias não estão indefesas aos insultos mediados pelo Ca^{2+} . As mitocôndrias albergam uma variedade de antioxidantes enzimáticos e não enzimáticos que funcionam para manter os ROS/RNS em níveis baixos. Uma destas proteínas, a superóxido dismutase (SOD), é especificamente responsável pela redução do anião superóxido a peróxido de hidrogénio, para que possa ser posteriormente reduzido a H_2O. Existem duas isoformas de SOD expressas nos mamíferos. A SOD-2 tem um centro de manganês e reside na matriz mitocondrial. A SOD-1 tem um centro de cobre-zinco e reside no espaço interno da membrana e no citoplasma. Ambas as isoformas reduzem o anião superóxido a peróxido de hidrogénio para que este possa ser reduzido a H_2O por enzimas como a glutationa peroxidase ou a tioredoxina peroxidase. Considerando que existem várias formas de as elevações de Ca^{2+} poderem levar a um aumento da produção de ROS, a regulação positiva destas proteínas poderia ser um meio de prevenir o stress oxidativo durante a sobrecarga de Ca^{2+} . Por conseguinte, foram medidos os níveis proteicos de SOD-1/2 no músculo e na cerebela de Y522S/+. No entanto, não foram observadas diferenças significativas em nenhuma das isoformas de SOD na cerebela ou no músculo dos ratinhos Y522S/+ em comparação com os ratinhos WT (ver fig. 13).

O facto de nenhuma das isoformas da SOD estar aumentada no músculo esquelético dos ratinhos Y522S/+ não exclui a possibilidade de a atividade antioxidante poder ainda estar aumentada. De facto, vários estudos demonstraram que a atividade da SOD-2 é reforçada pelo Ca^{2+} -CaM (Yan et.

al., 2006). Desta forma, o Ca^{2+} pode atenuar os seus próprios efeitos deletérios na produção de ROS durante uma elevação prolongada do Ca^{2+} . É também possível que se estabeleçam novos /VI',,,, nas mitocôndrias dos ratinhos mutantes, que atenuam a produção de ERO, permitindo ainda a ocorrência de respiração, embora a um ritmo mais lento. De forma semelhante, as células de Purkinje que expressam Y522S-RyR1 podem compensar a libertação excessiva de Ca^{2+} modulando a atividade das proteínas reguladoras existentes, em vez de induzir a expressão de novas proteínas. Por exemplo, as ATPases de Ca^{2+} da membrana plasmática (PMCA), que participam na homeostase do Ca^{2+} através da extrusão de Ca^{2+} do citoplasma, bem como as bombas SERCA que reabastecem as reservas de Ca^{2+} do ER, poderiam ser alvos potenciais de regulação. Em estudos futuros, os níveis de expressão e as actividades destas proteínas devem ser investigados.

Parte III: Suscetibilidade das células de Purkinje mutantes ao stress celular induzido

As experiências finais realizadas visavam determinar se as células de Purkinje Y522S eram mais sensíveis ao stress celular induzido. Embora os níveis de stress basal não tenham sido elevados nas células de Purkinje Y522S, estes neurónios podem ser mais sensíveis ao stress induzido. As células de Purkinje recebem input sináptico glutamatérgico do PF e do CF. Por conseguinte, impusemos um desafio de glutamato a células de Purkinje agudamente dissociadas de ratinhos Y522S e WT e registámos alterações nos níveis intracelulares de Ca^{2+} e na produção de óxido nítrico. Avaliámos a produção de RNS porque foi demonstrado que o Y522S-RyR1 é hipernitrosilado no músculo esquelético (Durham et. al., 2008). Postulámos que, durante a exposição contínua a uma dose excitotóxica de glutamato, o RyR1 mutante apresentaria uma libertação excessiva de Ca^{2+} que aumentaria a atividade da nNOS, resultando num aumento da nitrosilação do RyR1. Como discutido anteriormente, essa modificação aumenta a atividade do canal RyR1 desestabilizando os reguladores inibitórios (CaM, calstabin) e aumentando a dependência da liberação de Ca^{2+} .

Durante as experiências de imagiologia RNS, as células saudáveis responderam de forma robusta a 100 μM de glutamato, aumentando os níveis de Ca citosólico^{2+} cerca de duas vezes, frequentemente em 2 ou 3 minutos (ver Fig. 14, painel D). As células de Purkinje geralmente estabelecem um novo ponto de ajuste de Ca^{2+} que é maior do que o nível inicial de repouso. Por vezes, ocorre espontaneamente outro aumento rápido do Ca citosólico^{2+} , mas a segunda linha de base é geralmente estável. Os níveis de Ca^{2+} permanecem frequentemente elevados durante mais de 20 minutos. Embora as células de Purkinje agudamente dissociadas apresentem frequentemente respostas robustas de Ca^{2+} ao glutamato que aplicámos, ocorreram muito poucas alterações na produção de RNS, medidas pelo corante indicador de NO fluorescente (ver Fig. 15).

Isto não exclui a possibilidade de ocorrerem alterações no RNS e no estado redox do RyR1 em resposta a este tipo de stress, mas podem simplesmente ocorrer durante um período de tempo que não conseguimos observar.

Na nossa experiência final, induzimos o stress nitrosativo através da utilização do dador de óxido nítrico, nitroprussiato de sódio (SNP). Para determinar se as células de Purkinje dos ratinhos Y522S/+ são mais sensíveis às modificações nitrosativas, medimos as alterações na nitração da tirosina das proteínas. Não observámos quaisquer diferenças entre os ratinhos Y522S/+ e WT (ver Fig. 16). Gostaríamos de repetir esta experiência mais algumas vezes, alterando a concentração e o período de tempo do stress nitrosativo induzido. É de notar que as placas de controlo sem stress para cada genótipo também expressaram níveis elevados de proteínas nitradas. É possível que o nosso processo de dissociação ou as condições de cultura induzam stress nitrosativo por si só e, assim, as alterações na nitração das proteínas seriam mais difíceis de observar em resposta ao stress induzido.

Este estudo é a primeira tentativa de caraterizar os efeitos de uma mutação MH no RyR1 no cérebro. Embora os resultados apresentados neste relatório sejam maioritariamente negativos, representam passos notáveis no sentido de compreender como a desregulação do Ca^{2+} contribui para a patologia celular. Uma das formas mais faladas de como o Ca^{2+} pode levar à morte celular é através do stress oxidativo mitocondrial. Postula-se que o stress oxidativo é um fator que contribui, se não o principal, para um número cada vez maior de condições patológicas. Entre estas, destacam-se as perturbações do sistema músculo-esquelético e do sistema nervoso central. Por exemplo, muitas doenças neurodegenerativas como

Pensa-se que a ELA, a doença de Alzheimer, a doença de Parkinson e a doença de Huntington são em grande parte causadas por disfunção mitocondrial.

Embora as mitocôndrias sejam capazes de sequestrar grandes quantidades de Ca^{2+} , a exposição prolongada a níveis elevados de Ca^{2+} pode causar danos celulares irreversíveis. Como referido neste relatório, a sobrecarga de Ca^{2+} pode conduzir a uma crise energética, à peroxidação lipídica, à carbonilação das proteínas, a danos no ADN e a outras formas de stress celular. Este estudo realça a importância de resolver os problemas associados à regulação do Ca^{2+} para que, se possível, a indução do stress oxidativo e os danos celulares que frequentemente o acompanham possam ser evitados por completo.

Inúmeros grupos tentaram atenuar o stress oxidativo visando as mitocôndrias. Isto faz todo o sentido porque as mitocôndrias são as principais fontes de stress oxidativo numa célula. Mas muito menos estudos analisaram o RyR1 como potencial alvo terapêutico. Como já vimos, o RyR1 é um importante regulador da dinâmica do Ca^{2+} em vários tipos de células. Uma série de diferentes proteínas, iões e modificações pós-traducionais podem alterar a atividade do canal RyR1. Curiosamente, muitas doenças que se postula serem causadas por stress oxidativo também apresentam sinais de desregulação do Ca^{2+} . Por conseguinte, podem ser concebidas terapêuticas para aumentar a atividade dos estabilizadores do RyR1 ou inibir a atividade dos activadores do canal. Por exemplo, poderiam ser criadas versões sintéticas da calstabina de modo a que a afinidade de ligação da calstabina ao RyR1 não fosse reduzida por modificações pós-tradução. Por outro lado, poderiam ser desenvolvidos inibidores competitivos dos agonistas do RyR1 para evitar o stress celular durante condições de hiperactivação. Estas são apenas algumas das formas como o RyR1 pode ser direcionado para retificar a desregulação do Ca^{2+}.

Espera-se que estudos futuros continuem a elucidar os efeitos das mutações da MH no cérebro e a promover a importância da homeostase do Ca^{2+} na prevenção do stress oxidativo e dos estados patológicos associados à desregulação do Ca^{2+}.

REFERÊNCIAS

Aracena-Parks P, Goonasekera SA, Gilman CP, Dirksen RT, Hidalgo C, Hamilton SL. 2006. Identificação de cisteínas envolvidas na S-nitrosilação, S-glutationilação e oxidação a dissulfuretos no recetor de rianodina tipo 1. J Biol Chem 281(52): 40354-40368.

Avila G. 2005. Dinâmica do Ca intracelular^{2+} na hipertermia maligna e na doença do núcleo central: conceitos estabelecidos, novos mecanismos celulares envolvidos. Cell Calcium 37(2): 121-127.

Bellinger AM, Reiken S, Dura M, Murphy PW, Deng S, Landry DW, Nieman D, Lehnart SE, Samaru M, LaCampagne A, Marks AR. 2008. Remodeling of ryanodine recetor complex causes "leaky" channels: Um mecanismo molecular para a diminuição da capacidade de exercício. Proc Natl Acad Sci USA 105(6): 2198-2202.

Bellinger A, Mongillo M, Marks AR. 2008. Stressed out: the skeletal muscle ryanodine recetor as a target of stress. J Clin Invest. 118(2): 445-453.

Berlett BS, Stadtman ER. 1997. Protein oxidation in aging, disease, and oxidative stress (Oxidação de proteínas no envelhecimento, doença e stress oxidativo). J Biol Chem 272(33): 20313-20316.

Berridge MJ, Bootman MD, Roderick HL. 2003. Calcium signaling: dynamics, homeostasis and remodeling. Nat Rev Mol Cell Biol 3:517-529.

Betzenhauser M, Marks A. 2010. Canalopatias do recetor de Ryanodine. Arco de Pflugers - Eur J Physiol.

Chelu MG, Goonasekera SA, Durham WJ, Tang W, Lueck JD, Riehl J, Pessah IN, Zhang P, Bhattacharjee MB, Dirksen RT, Hamilton, SL. 2006. Hipertermia maligna induzida por calor e anestesia num rato knock-in RyR1. FASEB J 20(2): 329-330.

Csordas G, Hajnoczky G. 2009. Comunicação local SR/ER-mitocondrial: Cálcio e ROS. Biochim Biophys Ata 1787(11): 1352-1362.

Durham WJ, Aracena-Parks P, Long C, Rossi A, Goonasekera SA, Boncompagni S, Galvan DL, Gilman CP, Baker MR, Shirokova N, Protasi F, Dirksen R, Hamilton SL. 2008. RyR1 S-Nitrosylation underlies environmental heath stroke and sudden deathn in Y522S RyR1 knockin mice. Célula 133: 53-65.

Franzini-Armstrong. 2007. Comunicação ER-mitocôndria. Quão privilegiada? Fisiologia (Bethesda) 22: 261-268.

Giannini G, Conti A, Mammarella S, Scrobogna M, Sorrentino V. 1995. O gene do recetor de rianodina/canal de cálcio é ampla e diferencialmente expresso no cérebro e nos tecidos periféricos de murinos. J Cell Biol 128: 893-904.

Graier WF, Frieden M, Malli R. 2007. Mitocôndrias e sinalização de Ca($^{2+}$): velhos convidados, novas funções. Pflugers Arch 455(3): 375-96.

Grijalba MT, Vercesi AE, Schreier S. 1999. Ca^{2+} -induced increased lipid packing and domain formation in submitochondrial particles: a possible early step in themechanism of Ca^{2+} -stimulated generation of reactive oxygen species by the respiratory chain. Biochemistry 38:13279-13287.

Grimsrud PA, Hongwei X, Griffin T. 2008. Stress oxidativo e modificação covalente de proteínas com aldeídos bioactivos. J Biol Chem 283(32): 21837-21841.

Gu Z, Nakamura T, Lipton S. 2010. As reacções redox induzidas pelo stress nitrosativo medeiam a deformação das proteínas e a disfunção mitocondrial nas doenças neurodegenerativas. Mol Neurobiol 41: 55-72.

Gunter TE, Buntinas L, Sparagna G, Gunter EK. 2000. Mitochondrial calcium transport: mechanisms and functions. Cell Calcium 28(5-6): 285-296.

Harris D, Das A. 1991. Controlo da síntese de ATP mitocondrial no coração. Biochem J 280(Pt 3): 561-573.

Houtkooper RH, Vaz FM. 2008. Cardiolipina, o coração do metabolismo mitocondrial. Cell Mol Life Sci 65(16):2493-2506.

Kowaltowski AJ, de Souza-Pinto NC, Castilho RF, Vercesi AE. 2009. Mitocôndrias e espécies reactivas de oxigénio. Free Radic Biol Med 47(4): 333-43

Ludtke SJ, Serysheva II, Hamilton SL, Chiu W. 2005. A estrutura do poro do canal RyR1 fechado. Estrutura 13(8): 1203-11.

Martin JH. 1989. Neuroanatomy: Text and Atlas. New York: Elsevier

Marx SO, Ondrias K, Marks AR. 1998. Acoplamento entre canais de libertação de Ca^{2+} individuais do músculo esquelético (receptores de rianodina). Science 281:818-821.

Moreno-Sanchez R. 1985. Contribuição do translocador de nucleótidos de adenina e da ATP sintase para o controlo da fosforilação oxidativa e da arsenilação nas mitocôndrias do fígado. J Biol Chem 260(23): 12554-12560.

Nicholls DG. 2008. Stress oxidativo e crises energéticas na disfunção neuronal. Ann N Y Acad Sci 1147: 53-60.

Paradies G, Petrosillo G, Paradies V, Ruggiero F. 2009. Papel da peroxidação da cardiolipina e do $Ca(^{2+})$ na disfunção e doença mitocondrial. Cell Calcium.

Rossi D, Sorrentino V. 2002. Molecular genetics of ryanodine receptors Ca2+-release channels. Cell Calcium 32(5-6): 307-319.

Sun J, Xin C, Eu, J, Stamler, J, Meissner, G. 2001. Cysteine-3635 is responsible for skeletal muscle ryanodine recetor modulation by NO. Proc Natl Acad Sci USA 98(20):11158-11162.

Takeshima H, Nishimura S, Matsumoto T, Ishida H, Kangawa K, Minamino N, Matsuo H, Ueda M, Hanaoka M, Hirose T, Numa. 1989. Primary structure and expression from complementary DNA of skeletal muscle ryanodine recetor. Nature 339: 439-445.

Turrens, JF. 2003. Formação mitocondrial de espécies reactivas de oxigénio. J Physiol (Londres) 552:335-344.

Waite M, Deenen LL, Ruigrok TJ, Elbers PF. 1969. Relação entre a atividade da fosfolipase A mitocondrial e o inchaço mitocondrial. J Lipid Res 10(5): 599-608.

Walton PD, Airey JA, Sutko JL, Beck CE, Mignery GA, Sfidhof TC, Deerinck TJ, Ellismanll MH.1991. Os receptores de ryanodina e de inositoltrisfosfato coexistem nos neurónios de Purkinje cerebelares das aves. J Cell Biol 113(5): 1145-1157.

Walton PD, Aiery, JA, Sutko, JL, Beck, CF, Mignery, GA, Sudhof, TC, Deerink, TJ. 1991. Ryanodine and inositoltrisphosphate receptors coexist in avian cerebellar Purkinje neurons. J Cell Biol 113(5):1145-1157.

Yan Y, Wei CL, Zhang WR, Cheng HP, Liu J. 2006. Cross-talk between calcium and reactive oxygen species signaling. Ata Pharmacol Sin 27:821-826.

Yi M, Weaver D, Hajnoczky G. 2004. Controlo da motilidade e distribuição mitocondrial pelo sinal de cálcio: um circuito homeostático. J Cell Biol 167 (4): 661-72.

Yu T, Robotham JL, Yoon Y. 2006. O aumento da produção de espécies reactivas de oxigénio em condições hiperglicémicas requer uma alteração dinâmica da morfologia mitocondrial. Proc Natl Acad Sci USA 103: 2653-2658.

Zalk R, Lehnart S, Marks A. 2007. Modulação do recetor de rianodina e do cálcio intracelular. Annu Rev Biochem 76:367-385.

Printed by Books on Demand GmbH, Norderstedt / Germany